父母不抓狂的孩子速睡技巧

大是文化

嬰兒、學齡前、學齡後孩子怎麼速睡？

睡對了比學才藝更有競爭力，
最強嬰幼兒睡眠專家經驗談

嬰幼兒睡眠研究所代表理事長
清水悅子

嬰幼兒睡眠研究所理事、
嬰幼兒睡眠顧問、睡眠健康指導師
鶴田名緒子——著

李貞慧——譯

ワーママの毎日がラクになる! 子どもの「眠る力」の育て方

目錄

第2章

學齡前寶貝速睡，爸媽好睡 047

第3章

第4章

「這時候怎麼辦？」給工作育兒兩頭燒的你

第5章

豬隊友改造計畫 139

推薦序一

從孩子的睡眠出發，一路關照到照顧者生活

臨床心理師、米露谷心理治療所所長／駱郁芬

睡眠議題，曾是令我超頭痛的育兒困境。

我的孩子在幼兒時期，一個晚上起來三至六次（直到四歲多！）；白天小睡總是一個循環約三十分鐘就醒來；分房睡後，晚上總要陪睡一、兩個小時才入睡；在學校被老師反映中午難入睡，總是摸東摸西跟同學玩……。

回顧當父母的頭幾年，孩子的**睡眠問題無疑是我們生活品質的最大殺手**，令我們在泥淖中狼狽掙扎。

有幸讀到這本，由日本嬰幼兒睡眠研究所代表理事長清水悅子及理事鶴

田名緒子撰寫的兒童睡眠書籍，真的太令我懊惱了——哎呀，當年的我好需要這本書啊！怎麼現在才讀到？

《父母不抓狂的孩子速睡技巧》的特色是，除了介紹孩子的睡眠特性，以及對睡眠有幫助的原則，如臥室環境、作息時間等，更重要的是提供很多具體實用的策略。像是第二章「陪孩子一起跟玩具說『晚安』」，讓我們看見孩子不睡背後的情感需求。而第三章則細談了孩子上幼兒園前後，生活模式轉變對於睡覺的影響，以及如何重新打造作息模式。

而我最喜歡本書的地方不在於這些策略，而是它對「照顧者」的關切。

很多育兒上的困難，來自於我們（尤其是母親）對自己的期待：我們希望能把孩子、家庭照顧得很好，最好還能兼顧職場。大家都這樣，不是嗎？只是環顧周遭，彷彿只有我一人狼狽得灰頭土臉。

書中直截了當的告訴我們：「媽媽真的不必是超人」、「世界上沒有『媽媽就應該這樣』的方法」，在溫暖的文字中，讓我們放下「應該要」的執著與壓力，接納我們覺得自己做不到理想狀態的失望、自責，看見做父母可以有不一樣的選擇。

例如在某個篇章裡，包含了很有趣的輕鬆育兒提案：「每週三固定吃咖哩」、「把東西集中到一個房間，週末就整理那個房間」，像這樣跳脫框架的思維，可以讓老在牛角尖打轉的育兒思考露出曙光。

最後一章也是比較少見，但很實際的內容，提到了與伴侶的合作：如何將對育兒比較沒有概念與預備的另一半，打造成在育兒上合作互助的協力者？這真是太重要了！養育幼兒期的孩子對婚姻關係而言，是重大的挑戰，當對立的關係轉化為合作，不僅大大緩解壓力、改善生活品質，在育兒期間更有餘裕面對各種挑戰。

這本從孩子的睡眠出發，一路關照到照顧者生活的好書，推薦給你。

推薦序二

幫助父母建立育兒價值觀

粉專「花小姐說晚安」版主、幼兒藝術教育工作者／龔薇之

盼望每個孩子都能吃飽、睡飽，是每個媽媽心底最微小的願望。

還記得懷上第一胎時，朋友說：「妳大概有三年不能好好睡覺了。」當初我心想：「應該不會這麼誇張吧！」殊不知一眨眼，我已六年沒有好好睡覺了。

當初成為新手媽媽時，沒想過孩子的睡眠竟然有這麼多狀況：睡過夜的挑戰、翻身時的睡不著、成長痛的驚醒、戒尿布時半夜找媽媽去廁所……一關又一關的睡眠關卡，容易影響主要照顧者的心情和身體。所以，若能培養出一個能好好睡覺的孩子，育兒之路就成功了一大步。

《父母不抓狂的孩子速睡技巧》不只提供實質技巧，不管是安排環境、調整燈光、建立作息表、心態上的建議，都有明確的說明。此外，書中在介紹方法之餘，同時也幫助父母建立自己的育兒價值觀。

像是第三章提到的，「對家人來說，哪件事情最重要？」當父母回到職場上時，家庭會產生很大的變動，每個人都有需要適應的地方，彼此都要配合相互的作息，再加上，每個人都嚮往家裡有能好好休息、放鬆的地方，所以討論出「家庭核心」最重要的原則，是讓家能穩穩往前的重要方法。有了共識才能避免誤會，大家都能照著這個核心來調整。

書中在技巧上提出了實質方法，在觀念上還拋出許多問題，讓新手父母思考，是兼顧理念和運用的一本育兒書籍。

除此之外，「媽媽真的不必是超人」這一章節讓我印象深刻。不管是媽媽回到職場，還是全職媽媽把孩子交給其他照顧者而休息，孩子感冒發燒時，作為媽媽，或多或少都有產生罪惡感的時刻，書中提到：「不要一個人煩惱，尋求周遭協助，讓自己遠離罪惡感，各位家長已經很努力了！」這段話真的好重要，正如同我學習正向教養時，老師所說的，**我們其實已經很棒了**，要時不時的拍拍自己、擁抱自己，練習求助真的是當母親之後，我學會的一件事。

家是養育愛的地方，孩子們在家裡練習長大，父母在家裡練習改變，我們都是第一次當父母，有好多的不熟悉和不知道，有時前輩們的一點點分享，就能讓我們多走一段平順的育兒之路。

分享這本《父母不抓狂的孩子速睡技巧》給每位新手爸媽，找一個合適的下午，選一個喜歡的位子，泡上一壺茶，靜靜的坐下來看書，讓我們一起盼望孩子睡好睡飽的那天快快到來吧！

前言
工作與育兒不再兩頭燒

「不久後就要回歸職場了，可是孩子不肯乖乖午睡，晚上也在鬧，我已經被他吵醒好幾次……。」

「每天帶小孩已經心力交瘁，還要上班，我真的撐得下去嗎？」

我想，拿起本書的你，心中應該有這樣的不安。

我是非營利組織（Nonprofit organization，簡稱ＮＰＯ）「嬰幼兒睡眠研究所」的代表理事長清水悅子。本書是我與本研究所理事，且擁有資格認證的嬰幼兒睡眠顧問鶴田名緒子共同執筆。

我們都有一邊工作一邊育兒的經驗，在撰寫本書時，經常感嘆：「幸好我們都很重視孩子的睡眠。」同時認為有很多事情可以讓職業婦女知道，以減少工作育兒兩頭燒的痛苦。

這裡先說結論：**培養孩子的速睡能力，就是父母送給孩子最大的禮物。**

孩子競爭力的基礎：睡好又睡飽

父母能為孩子做的事有限。

或許有人覺得「我家小孩還小，所以什麼事我都要幫他完成」，可是小孩要學會翻身、走路，只能靠自己的努力，沒有人能替他做什麼，而父母能做的，就是幫孩子的未來打好基礎，其中最重要的就是幫助他培養良好的睡眠習慣，讓大腦保持健康和活力。

人們在忙碌的生活中無暇顧及睡眠，可是一旦睡眠不足，不管大人還是小孩，都無法發揮原本應有的能力。有時你覺得孩子睡得比大人久，應該足夠了，但對孩子來說，這點睡眠時間根本不夠。

睡覺是為了讓大腦休息並成長，當大腦強壯有活力，孩子自然會湧現許多想法，並主動說出「我想做○○」！

六歲前，習慣早上七點起床

我想拿起本書的人，大概都深受孩子夜啼或不午睡所擾。嬰幼兒睡眠研究舉辦的講座和個別諮詢中，也有許多人問：「送孩子進幼兒園之前，父母需要先做什麼或準備什麼嗎？」解決夜啼或午睡問題固然重要，不過**對孩子來說，養成睡眠習慣更重要**。

聽教保員說，近年來越來越多孩子還沒睡醒，就被父母抱來，或者太晚起床，來不及吃早餐就去出門上學。在這種狀態下到幼兒園，小孩也會出現其他問題，例如趴在地上繼續睡、不和其他小朋友玩耍，甚至焦躁不安、出手打其他同學等。

我們先將眼光放遠一點，想像一下孩子上小學時的情景。

小學生大概八點上學，考慮到從家裡到學校的距離，孩子最晚必須七點起床，否則沒時間吃早餐，雖然有些幼兒園可以配合父母上班時間，讓他們在九點把孩子送來，可是小學不行，更別提抱著還在睡的孩子到學校。

小孩的生活節奏，不會因為明天開始要上小學，就可以馬上提早一小時起床。所以，即便一開始可能很辛苦，我仍建議要讓孩子在六歲以前，養成早上七點起床的習慣，光是這樣，就可以度過平和的清晨時光。

只要父母和孩子能用輕鬆的心情迎接早晨，父母不只能保持一天的心情愉悅，小孩也可以更開心的去迎接學習和交友，光是這一點，就會讓人覺得幼兒園時期所做的努力沒白費！

各位務必用心建立孩子的睡眠習慣，當作是給幾年後的自己的禮物。

大人先睡飽，育兒不煩惱

我想大家已經很清楚睡眠對孩子有多重要，不過，為了可以心平氣和的面對育兒與工作，父母也要注重自己的睡眠品質。

根據經濟合作暨發展組織（Organization for Economic Cooperation and Development，簡稱OECD）的調查，二十四個國家中，以日本的平均睡眠時間最少（見下頁圖0-1）。

美國的平均睡眠時間為八小時五十一分，義大利和法國則是八小時三十三分，不少國家都睡八小時以上，而日本只有七小時二十二分（按：據臺灣睡眠醫學會於二〇二一年三月網路調查，臺灣人平均睡六．六七小時）。看到這個結果，有人可能會疑惑「咦，日本也不算短吧？」但這是十五到六十四歲工作年齡人口的平均睡眠時間。

讓我們來看一下三十歲至四十九歲育兒世代的睡眠時間。

如第二十三頁圖0-2所示，日本厚生勞動省每隔五年會公布「國民健康營養調查」，結果顯示三十至四十九歲睡眠時間未滿七小時的人，男女都占八〇%左右（按：根據臺灣衛生福利部國民健康署「國民營養健康調查」（一〇六年至一〇九年）顯示，男性十九歲至四十四歲，平日睡眠未滿七小時占

圖 0-1　睡眠時間各國比較

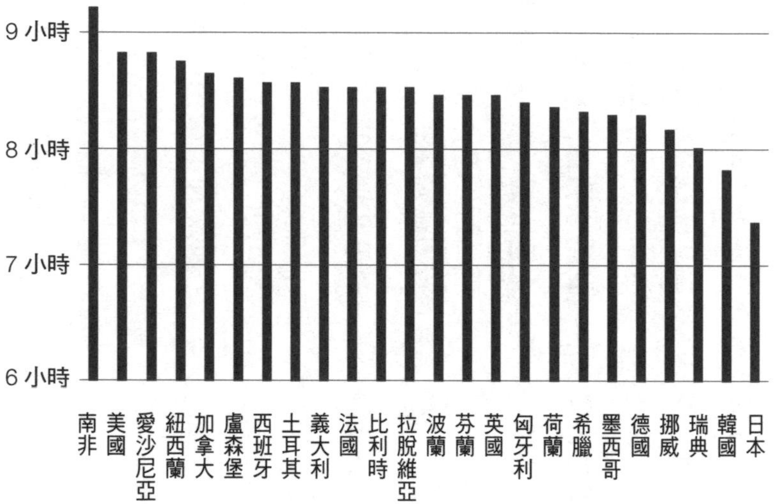

※Gender Data Portal 2021（OECD）2009 年以後的報告製圖。

※ 各國調查年分不同。

※ 對象年齡約為 15 ～ 64 歲的工作年齡人口。

圖 0-2　一日平均睡眠時間（20 歲以上、性別與各年齡層）

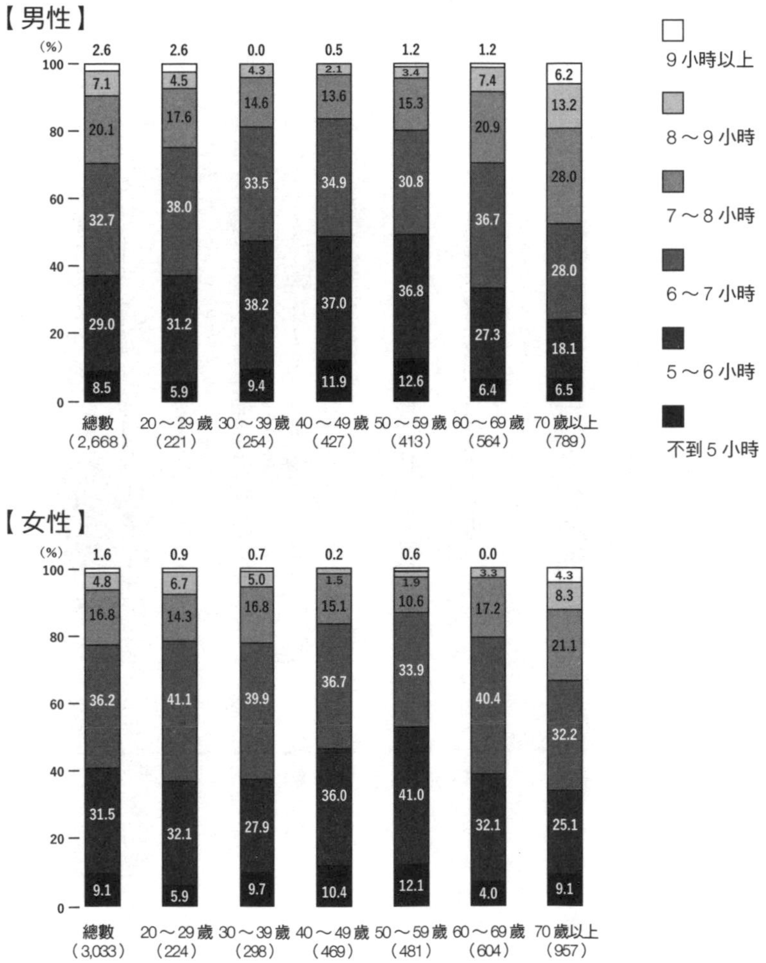

▲根據日本厚生勞動省於 2019 年的調查，顯示育兒世代（30～49 歲）的睡眠時間比平均更短。

二二．三%，女性則占一七．七%）。

日本人的睡眠時間原本就比國外少，正值青壯年的育兒世代甚至比平均更短，從這個調查結果可以猜想，育兒世代是如何壓縮自己的睡眠時間來養小孩及工作。

本書原文副標題為：「讓職業婦女更輕鬆，不再工作育兒兩頭燒！」這並不僅指孩子會乖乖上床睡覺，「大人睡飽，才能以健全的身心面對育兒難關」，也是本書的主題之一。

人一忙起來，往往會選擇犧牲睡覺時間來做事，可是人若不好好休息，大腦便難以正常運作，甚至有人形容長期睡眠不足的人，工作表現就跟醉漢一樣糟。

「首先讓自己擁有充足睡眠，再思考如何運用剩下的時間。」我希望各位身為監護人，要先有這樣的觀點，等到孩子們長大了，再把這種觀點傳承給他們。

雙薪家庭要穩定，所有人都要睡好

「說是這樣說，但哪有時間讓我睡滿八小時……。」或許有人這麼想。日本父母究竟把時間耗在哪裡？

下頁0-3圖為全球育兒家庭中，夫妻各自花在家事與育兒的時間。由此我們可以發現，媽媽的育兒時間占比，遠比其他國家的媽媽長，而爸爸在家事上的時間明顯偏短。

育兒不是一個人的事，或許男方工作時間長，而女方大多只是找兼職，但不管什麼工作都需要承擔責任，沒有哪一邊比較輕鬆，何況**育兒本就是「夫婦攜手共行的專案」**。

如果媽媽決定要一邊育兒一邊回歸職場，其負擔更是超乎想像的大，可以說家庭生活方式會面臨大變革。若希望改革成功，途中需要不斷溝通，雖然可能會有衝突、大吵一架，但只要跨過去，就可以擁有雙薪家庭應有的穩定狀態。

圖 0-3　各國夫婦做家事育兒（未滿 6 歲）平均時間

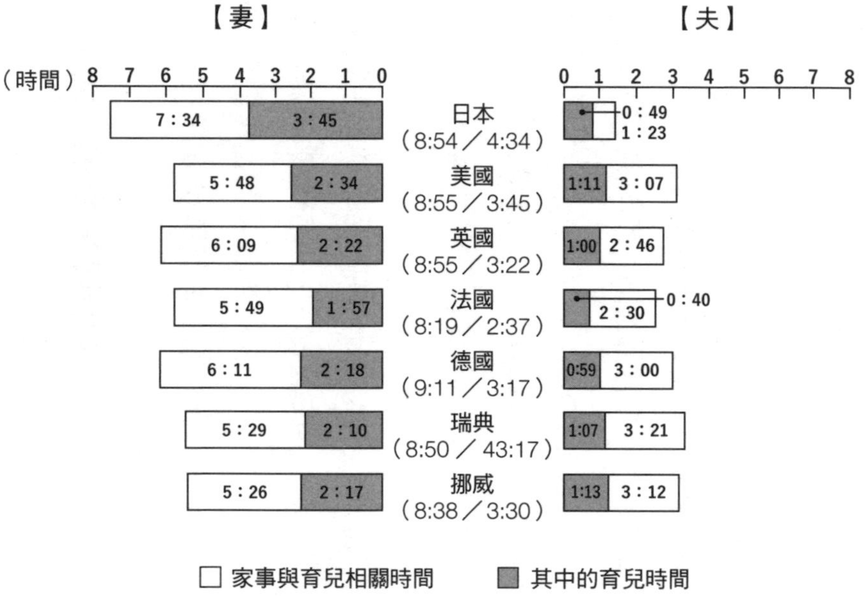

▲ 日本媽媽育兒時間占比，比其他國家媽媽還多。

本書從嬰幼兒睡眠專家的觀點，以及職業婦女的角度，傳達在孩子健康成長的前提下該如何放鬆、必須掌握哪些要點，以及培育神隊友的巧思。我由衷希望透過本書小孩和爸媽都睡得好，藉此擁有更多快樂的時光。

第1章

早上起得來，晚上睡得著

1 嬰兒愛哭鬧的理由

孩子明明想睡卻又抗拒睡覺，不管爸媽怎麼哄，他們就是不肯乖乖閉上眼睛入睡。「想睡，就快睡啊！」相信很多爸爸媽媽都曾在內心吶喊過。

在說明生理學的睡眠機制之前，我們先來想像一下，對嬰幼兒來說，睡覺究竟是什麼樣的體驗。

日本電視臺每日放送的節目《林老師，我第一次聽到！》，有一集曾跟蹤並觀察動物睡姿，其內容介紹的是在東武動物公園，一隻名為「希望」的長頸鹿，節目組表示在長達兩天的跟蹤觀察中，拍到牠熟睡睡姿的時間只有七分三十秒。跟野生長頸鹿常常站著不同，這隻長頸鹿熟睡時是曲膝坐下。

長頸鹿的睡眠時間這麼短，有兩個原因。一是，長頸鹿靠吃樹葉供應龐大身驅所需要的能量，但因樹葉熱量低，所以必須不停的吃；二是，長頸鹿一旦坐下之後，要很久才能再站起來，若是遭受肉食動物攻擊時，便難以保護自己。

動物有各自的睡眠時間，通常草食動物睡比較少，肉食動物或有特定巢穴的動物，睡眠時間則較長。對可能被其他物種攻擊的動物來說，睡覺時會有生命之憂，這可能是造成牠們的睡眠時間短及休息姿勢，與肉食動物不同的原因。

我們再回頭看看人類。如果你第一次去露營，聽到帳篷外面傳來野獸的低吼聲或有其他動靜，我想就算是大人，應該很難在這種環境中安穩入睡。大家平常可能不會特別注意，但其實**人也一樣，只有待在令人安心的環境和狀態下才睡得著**，這就是為什麼當發生大災難或心中有念頭盤據時，會變得淺眠或難以入睡。

接著讓我們站在嬰兒的角度想想看。

嬰幼兒是在媽媽體內練習怎麼睡著後才出生，而在媽媽的肚子裡，不管是醒來還是睡著都很溫暖，周遭環境柔軟又昏暗……可是出生後就不一樣了，不管身體包裹著多麼柔軟的襁褓，都比不上媽媽的子宮，接觸到的環境有時太冷，有時過熱，光線還很刺眼。從這個角度來看，嬰兒會藉由哭鬧來傳達「我好想睡哦」的訊息，某方面亦是在表達他的不安。

嬰兒要成長，需要大量睡眠讓腦部與身體發育，而不是因為嬰兒很喜歡睡覺。**想讓孩子好好睡，最重要的是讓他有安全感**。影響睡眠的因素有很多，像是環境、生活節奏、哄睡方法等，不過最大關鍵在於安心。

接下來的內容，各位務必站在「為了讓我們家有安心的睡眠環境」的角度思考看看。

2 晚上愛睏，是後天建立的機制

現在來談談成人睡眠的生理機制。

大人之所以可以比嬰幼兒好入睡、醒來，是受到兩種作用的影響。第一種是生理時鐘，我們建立一天的節奏，讓人到了晚上就會想睡覺；另一種是體內恆定機制，讓我們累了就想休息。

生理時鐘，建立一天生活節奏

體內許多部位都有生理時鐘。

本書採用「以大腦中視叉上核（suprachiasmatic nucleus）的生理時鐘為

母時鐘，除此以外為子時鐘」的結構來說明，幫助各位更容易了解。

子時鐘為身體制定節奏，包含腸、胃等器官的活動、荷爾蒙分泌節奏、體溫和血壓等的時型變化（chronotype）等，而大腦的母時鐘則負責有效控制所有子時鐘的節奏，以防止出現節奏不一的情況。

子時鐘建立起的荷爾蒙分泌節奏中，與睡眠密切相關的荷爾蒙就是褪黑激素（melatonin）和皮質醇（cortisol）。

眾所周知，褪黑激素可以讓人產生睡意。天色變暗後，母時鐘就會下達指令給松果體，它會開始分泌褪黑激素，深夜時分泌量達到高峰，深夜到清晨則一路減少。褪黑激素是很重要的荷爾蒙，讓人擁有睡意、入眠，後面幾章也會不停提及，大家務必記住它。

皮質醇的分泌量則是在即將起床時達到高峰，許多人知道這是強化交感神經活動，以因應起床後面臨壓力的荷爾蒙。如果早上起床時間不固定，就會在皮質醇分泌不完全的狀態下起床，有時會有起床氣。

對睡眠和清醒來說，生理時鐘都扮演著極為重要的角色。

另外我希望大家也要知道生理時鐘的另一個特徵：同步化機制。

其實**生理時鐘的節奏並非剛好是二十四小時**，雖因研究手法不同結果有差異，但生理時鐘大概落在二十四．二至二十五小時之間，如果放著不管，它就會像壞掉的時鐘一樣越差越大，所以要靠同步化機制來調整。

清晨日光是同步化機制發揮功能的主因。**沐浴在陽光下，可將紊亂的生理時鐘調回正軌，讓體內時間與實際時間吻合**。

體內恆定，讓人累了就睡

所謂**體內恆定，是讓體內保持穩定的機制**。

舉例來說，當體溫下降太多，微血管就會收縮以維持體溫；反之體溫太高時，微血管就會擴張，藉由大量出汗以降低體溫。或是用餐後血糖升高，體內則會分泌胰島素來降低血糖值；反之，當血糖降得太低時，體內就會分泌腎上腺素等來提升血糖值。

據說人清醒期，大腦內會慢慢累積睡眠物質（前列腺素D2等），睡意越來越高漲，等到超過一定量時，人自然會去睡覺休息，因為有這樣的機制，我們每天才能不斷重複入睡和醒來。

3 臥室光線不對，孩子不睡覺

前面說明了成人的想睡和清醒的機制，不過對嬰兒來說，這種機制尚未成熟。

事實上，嬰兒還在媽媽肚子裡時，已經知道有晝夜，因為母體的褪黑激素會透過胎盤流到嬰兒體內，嬰兒便能在媽媽肚子裡建立一天的節奏，所以有研究報告指出，**孕期生活作息正常的媽媽，嬰兒出生後也較容易建立規律的生活節奏**。

但這並不代表嬰兒一出生馬上就可以按時就寢、起床。

據說**嬰兒要在出生後兩到三個月，才能有和成人一樣約二十四小時的生理時鐘**，在那之前，嬰兒會每三到四小時睡睡醒醒，慢慢建立生理時鐘，這個過程也有助於穩定嬰兒的睡眠。

這時最重要的刺激就是光。

白天要有像白天一樣的明亮環境，夜晚則有夜晚應有的黑暗環境，嬰兒才能逐步打造生理時鐘。如此一來，他到了夜晚自然能入睡，白天活動量有所提升，擁有穩定的一日節奏。

也就是說，若嬰兒老是不睡，或睡眠不穩定，很有可能是因為生理時鐘尚未成熟，所以爸媽必須有耐心的協助調整。

4 睡眠時間長短，影響學習表現

對嬰兒來說，睡覺不是一件簡單的事，而嬰兒之所以需要長時間睡眠，是因為許多成長機制都發生在這期間。

在睡眠相關研究中，有許多研究針對運動與記憶等學習之後，有睡覺與不睡覺所產生的學習效果差異。研究顯示，一般認為人在睡眠中，特別是在快速動眼期睡眠階段，大腦會整理白天發生的事，藉此加深記憶（按：除了能增進記憶力，還可提升創造力和理解力）。

舉幾個例子，有人學鋼琴時，當下不論怎麼練都彈不出來的段落，睡一覺起來，竟然就會了；在單槓上轉一圈回到原點、騎腳踏車等，這些在前一天辦不到的事，到第二天突然都會了，我想很多人應該也有類似經驗。

前言提到日本是全世界睡眠時間最短的國家，甚至已經成為社會問題。跟大多日本人不同，許多頂尖運動員都十分重視睡眠。像是職棒選手鈴木一朗一天要睡滿八小時，**大谷翔平一天要睡十小時以上**，高爾夫球選手石川遼一天也要睡超過十小時。相信大家聽了之後，應該也能體會到睡眠時間會左右選手們的表現。

「我家小孩又不是要成為運動員……。」或許有人會這麼想，不過對孩子來說，**睡覺不只能消除當天的疲勞，也能幫助他成長**。

5 比學才藝更重要的事

說到底，睡眠不足到底會對孩子有什麼影響？

對大人來說，睡眠不足時會焦躁不安、無法集中精神，做什麼事都提不起勁，這對孩子來說也一樣。

有許多研究顯示，小孩到了學齡期睡眠不足或習慣假日睡到快中午，都會導致學業成績下降。清晨是快速動眼期睡眠活躍的時候，若是睡眠不足，無法進入快速動眼期睡眠，白天就會變得很想睡。換句話說，**與其去學才藝或補習到很晚才回家，不如讓孩子擁有足夠的睡眠時間，大腦會更靈光**。

光線會抑制褪黑激素的分泌，所以建議晚上待在昏暗的空間裡。

由於人熬夜時都開著電燈，所處環境會太過明亮進而影響褪黑激素分泌量，因此有人推測夜貓子型的孩子是因褪黑激素分泌不足，導致初經年齡偏早。而實際詢問小學老師，老師們也說確實有小朋友小學二年級就來初經（按：發育中的孩子需要有足夠的褪黑激素延緩進入青春期，若不足，孩子會在八、九歲前開始發展第二性徵）。

孩子睡眠不足，其實已經對他們的身心發展帶來許多嚴重影響，只是大人沒有察覺罷了。

6

生活節奏對了，孩子會自己起床

對爸媽來說，早上不用對小孩一叫再叫，他就會自動起床，在家吃完早餐，然後精神飽滿的大聲說出：「我去上學了！」是最理想的生活型態，這樣的生活節奏也對孩子的身心發展有好處。

相對的，孩子怎麼叫也叫不醒，父母只能強行掀開棉被把人從床上挖起來。小孩在迷迷糊糊的狀態下，根本沒辦法好好吃早餐，也沒時間上廁所和梳理，只能無精打采的上學。這種早晨生活對雙方來說，都會造成壓力，對身體也不好。

前文提過，生理時鐘需要花時間建立，只能靠父母親改變自己的想法，持續打造一家人早睡早起的習慣。

或許一聽到要早睡早起，可能就有人覺得「太難了……」而退縮，可是**為了一家安穩的生活，父母必須堅持下去**。當孩子規律生活，擁有充足的睡眠時間，便能充分發揮原有的實力，不僅如此，當孩子建立起生活節奏後，大人們也能擁有更多自己的時間，生活變得餘裕。

大家務必把眼光放長遠，認知到生活節奏有多重要，不僅是為了改善小孩夜啼而已。

第2章

學齡前寶貝速睡，爸媽好睡

1 陪孩子一起跟玩具說「晚安」

第一章說明了嬰兒的睡眠，第二章要具體介紹睡眠環境與建立生活節奏的方法。

嬰兒要睡得好，前提是他有安心感。為了讓孩子每天能放心安眠，我們先來認識臥室環境。

移開玩具，遠離雜物

首先確認孩子的睡覺空間是否安全。孩子的床鋪四周有沒有會掉落的危險物品，或塞滿物品和書本的書架、玩具等，如果可以，就搬到其他房間。

嬰幼兒有時半夜睡到一半，會伸手抓身邊的物品，等到會扶著東西站起來或開始學走路時，還可能到處亂走，再加上孩子睡著時經常翻來翻去，所以他睡覺的地方如果放了許多雜物，他可能會壓到、撞到而跌倒，嚴重的話，也許會受傷。

所以第一件事，就是先檢視孩子的臥室，是否能讓他們舒適的睡覺。

房間放玩具，孩子不容易睡

臥室中如果有和睡眠無關的事物（例如玩具），孩子看見會忍不住想玩，所以不管父母哄再久都沒用，還有一種狀況是孩子半夜醒來，就會拿起玩具開始玩，然後漸漸清醒，於是他很難再入睡。

碰到這種情況，有些媽媽會起來陪孩子玩，等到小孩累了再一起睡，可是這樣反而讓孩子誤以為「半夜起來媽媽就會陪我玩」，以至於無法建立規律的睡眠習慣，最後大人小孩都睡不飽。

原則上臥室中不要放玩具，讓孩子知道臥室是睡覺的地方。

打造入眠儀式，孩子會期待睡覺

嬰幼兒不能順利轉換從日常活動到睡眠的情緒，向孩子們口頭說明如何轉換也不簡單，此時最有效的做法就是打造「入眠儀式」。

所謂入眠儀式，就是決定晚上睡前要如何度過放鬆時刻。決定好睡前的入眠儀式，除了可以讓孩子意識到「現在該睡了」，也可以幫助他自然轉換到睡覺的情緒。

就像大人會在夜晚做些自己喜歡的事，如讀書、寫日記、做簡單的伸展、喝花草茶、點精油等，讓心情沉靜下來以幫助入眠，同樣的，爸媽也可以為孩子建立入眠儀式，讓他們期待睡覺。

舉例來說，大家在進臥室前，來趟「晚安之旅」，以提升睡意。

意思是跟孩子一起對著玩具和家電說「晚安」，我想這樣應該可以順利轉換入睡情緒。

如果孩子走向臥室時會害怕，可以讓他拿著觸感柔順的**手帕或玩偶**，緩和他的情緒，但**不要在未滿六個月的嬰兒床鋪上放這些東西**，以免他在翻身時不小心壓到口鼻而窒息。順帶一提，**讀繪本給孩子聽，也是很適合的入眠儀式**。

2 房間溫度，夏天除溼、冬天加溼

春天是一年當中最容易入睡，也是最能感受到「睡得好飽！」的季節，而夏天和冬天就要花一點時間入睡，且半夜容易醒來，睡眠滿意度偏低。

為什麼不同季節會有這種差異？我們可以從睡眠機制和臥室溫溼度的角度來說明。

第一章有提到，人體的生理時鐘機制會控制自律神經、調節體溫。當你觸摸嬰兒手腳時，若覺得溫暖，代表他已經很想睡。不過要注意的是，雖然**你可能會覺得孩子的表面溫度（皮膚溫度）偏高，但其實其體內深層體溫（內臟溫度）會低攝氏一度左右。**

這是因為白天活動時促進血液流動，並集中到手腳末梢，在皮膚表面冷卻後，這些血液再返回身體內部，使深層體溫下降。

當深層體溫逐漸下降，就代表身體開始準備睡眠，以順利進入夢鄉。

當交感神經活躍時，人就會進入活動模式，此時血壓及體溫會升高，保持大腦清醒；副交感神經活躍時，則會進入休息模式，因此睡眠期間的血壓和體溫會下降。在深層體溫尚未下降、身體處於活動模式中，不管對大腦如何下指令，依舊難以睡著。

夏天時，室內溫度容易偏高，導致人體無法順利調節體溫。當皮膚溫度上升，身體會試圖透過出汗來調控體溫，可是當汗水蒸發時，也因為室溫高而無法順利降低周圍溫度，只會讓人更不舒服，難以入眠，就算好不容易睡著了，也無法熟睡；反之，冬天臥室太冷的話，手腳會變冰冷，身體無法順利散熱，難以降低深層體溫，最終也無法好好睡。

如果在冬天很努力哄睡，孩子卻不肯睡，這時可以摸摸看孩子的手腳，說不定是因為太熱或太冷，導致身體無法順利散熱，建議父母可以握緊嬰兒的手腳為他保暖，或是調低暖氣溫度。

不同季節的臥室溫溼度

一般來說，**舒適的臥室溫度約在攝氏十六度到二十六度**，溼度最好全年維持在五〇％至六〇％。溫度區間這麼大，是考慮到**室內外的溫度差，不要差太多**。

想要擁有舒適良好的睡眠，除了臥室溫度，溼度也很重要。比方說，一樣是室溫攝氏三十五度，但溼度高會讓人更覺得熱、不舒服，溼度低的話就還好，接下來我從這個觀點，來為大家說明不同季節，如何調節臥室溫度。

夏季：室溫維持約攝氏二十六度並除溼

睡前一小時把臥室空調調成除溼模式，冷卻一天下來房間裡累積的熱，**牆壁和衣櫥容易囤積熱氣，可以打開衣櫥門散熱，睡覺時再關起來**。但要留意**別讓風直接吹到孩子**。

在炎熱的夜晚，冷氣可以定三小時，這樣可以更好睡。

冬季：別讓室溫低於攝氏十度，而且要加溼

冬季利用空調調整室溫時，要注意別太乾燥，你可以利用加溼器維持溼度，**也可以把溼毛巾掛在衣架上**，但要注意，溼毛巾要掛在不會掉到孩子床上的位置。

只要不是極熱或極寒時期，只要父母可以睡得舒適，孩子便也能安穩入眠，不用太過擔心而不斷調整溫度。

3 放盞暖色系且偏暗的小燈

除了舒適入睡，相信大家也希望起床時可以神清氣爽。這邊告訴大家調節臥室光線時的兩個重點。

晚上盡量維持環境黑暗

光會抑制褪黑激素的分泌。目前已知**智慧型手機發出的強烈藍光**，與偏白光的照明，**特別會抑制褪黑激素的分泌**。我建議大家在夜晚可以把室內燈光調成暖色系光線。

睡覺前也盡量別讓孩子用手機看影片。小孩好不容易想睡了，卻被手機的藍光影響，加上影片中閃爍光線，會讓大腦興奮起來，導致副交感神經無法活躍。

為了好好睡覺，**最好從小養成不帶手機進房間的習慣**。睡覺時建議關掉臥室的電燈，有時即便是**小夜燈，也可能妨礙睡眠**。不過，有些孩子會說：「黑黑的房間很恐怖，我不敢睡。」媽媽有時也會擔心室內太暗看不到孩子的情況，這時可以在腳邊，也就是**臥室地板上，放盞暖色系且偏暗的小燈**。

白天用遮光窗簾

除了夜晚的臥室照明外，也要留意白天的陽光。很多媽媽來諮詢時，都提到**孩子太早起。其主要原因在於室外陽光**。當太陽照進室內讓房間亮起來時，孩子就會醒來。

即便是冬天起不太來的孩子，到了日出時間較早的夏季，也常常五點就可以自動起床，開始活動。

若是孩子早上太早起，我建議大家可以**在房間裝上遮光窗簾**，**不讓陽光太早照進室內**，如果這麼做之後孩子還是很早起，就告訴他：「現在還很早，再睡一下吧。」父母也可以假裝自己還在睡，只要父母很安靜，有時孩子也會再睡回去。

除了教孩子在合適的時間入睡，也別忘了教他們在合宜的時間起床。

4 墊被要硬、被子要輕

睡眠時，睡衣會摩擦肌膚，建議選擇觸感舒適的材質，還要夠耐洗，才能常保睡衣乾淨。不論夏季還是冬季，我建議大家可以挑選棉質睡衣，棉質保暖，吸汗、排汗功能都很優秀。衣服上的標籤有時會刮刺皮膚，妨礙安眠，可以先剪除。

睡衣：選易吸汗、好排汗的材質

到了冬天，店家會開始販售毛茸茸睡衣，可是如果家中會開暖氣，最好避免穿著這類衣服，因為穿太多或睡衣不吸汗，導致體內熱氣無法排出，難以調節體溫，更加不容易入睡，各位可以配合室溫選擇合適的材質。

寢具：墊被要硬，被子要輕

不管是大人還是小孩，睡著時都會流汗，因此寢具也要和睡衣一樣選擇耐洗、觸感佳、透氣性好的材質。

首先**墊被要挑硬一點**的，不要讓身體會陷入墊被中，為了常保寢具清潔，可以多準備一些床單和浴巾，因為有時會被汗水或嬰兒嘔吐等弄髒。**棉被不選鬆軟材質，而是挑輕巧類型**，如果小嬰兒還不會自己翻身，則要小心棉被不要蓋到他的臉。

除了寢具外，陪幼兒期的孩子睡覺時，得注意是否有充裕的翻身空間。

如果你和孩子一起睡，早上起床卻覺得沒睡好、身體懶散、提不起精神的話，建議改善睡眠環境。無法擁有高品質睡眠，原因可能出在被窩太小，導致兩個人無法翻身。

有些家長會被自己的孩子睡相嚇到，「他的睡相怎麼這麼難看？」不過**孩子之所以會不斷翻身**，是因為他潛意識**想排出體內熱氣**，所以想找棉被涼爽的位置。

我想也有家長陪孩子睡，是為了哄他睡著。不過等到孩子睡著了，家長還是睡回自己的被窩比較好，**光是能有空間讓大人小孩自由翻身，已經有助於改善每天的睡眠品質**。

5 「爸媽在你身邊。」寶貝安心睡

當環境暗下來，孩子對睡覺的不安，遠超出大人的想像，他們會變得極為敏感。所以除了改善環境外，哄睡時也要照顧到孩子的情緒，讓他們知道「爸爸媽媽在你身邊」。

透過入眠儀式，父母可以和孩子有肌膚接觸，同時溫柔的告訴他明天的美好，這樣不但可以培養孩子規律的睡眠習慣，而且也可以加深親子之間的感情，這份情感將是日後小孩與他人建立信任的基礎，會大幅影響他的心靈發展與人際關係。

下一節要說明在培養睡眠習慣時，要建立什麼樣的生活節奏。

6 大人愛熬夜，孩子當然不想睡

如同第一章所說，嬰兒從出生那一天起，就在練習怎麼睡覺。有些媽媽可能曾被年長的助產師或護士建議：「嬰兒想睡就睡，想醒就醒，所以媽媽可以配合嬰兒，趁他睡著時讓身體休息。」這種想法只對了一半。隨著時代改變，情況也不一樣了。

日本放送協會（ＮＨＫ）每五年會針對十歲以上國民，進行國民生活時間調查，第一次調查是在一九六〇年，當時有九〇％以上的人在晚上十一點三十分入睡，甚至有六五％以上的成人在晚上十點時，已經睡著了。可是到了現在，晚上十點入睡的人只占二五％，晚上十一點三十分上床的只有六四％，熬夜變得稀鬆平常。

剛出生的嬰兒雖然看起來是想睡就睡，想醒就醒，但就像前面所說，他們會藉由光來建立生理時鐘。

在大人會十點前上床睡覺的時代，不用特別注意，嬰兒會在十點前睡著，可是在現代，若家長不留意並控制孩子睡覺的時間和房間明亮程度，讓嬰兒生活的環境充滿人工光線，就會導致小孩很難打造好的睡眠習慣。所以想在現代社會中建立嬰兒的生理時鐘，生活節奏必須配合日出日落。

從嬰兒出生那天或者是還在媽媽肚子裡時，**家長可以配合日升日落調整作息**，以促進嬰兒的睡眠發展，最終健康長大。家長也務必利用這個機會重新檢視自己的生活習慣。

7 六歲前，起碼睡九小時

好的睡眠時間，才能建立良好的生活節奏。不過，對各年齡層的人來說，到底需要睡多少才夠？

本書採用美國國家睡眠基金會（National Sleep Foundation）於二〇一五年提出的指標（見左頁圖表2-1）。

人在五歲前的總睡眠時間包含午睡，須睡滿超過十小時，到了不用午睡的六至十三歲，必要的夜晚睡眠時間為九至十一小時。睡眠時間之所以隨著年齡增長而減少，是因為午睡時間越來越少，因此**不到六歲的孩子，必須和六歲以上的孩童一樣，保有九至十一小時的睡眠時間。**

圖表 2-1　各年齡層建議睡眠時間

年齡	建議睡眠時間
0～3個月	14～17小時
4～11個月	12～15小時
1～2歲	11～14小時
3～5歲	10～13小時
6～13歲	9～11小時
14～17歲	8～10小時
18～25歲	7～9小時
26～64歲	7～9小時
65歲以上	7～8小時

8 我的小孩需要睡多久？

雖然已經知道孩子需要九至十一小時的睡眠時間，可是九小時和十一小時之間也差了兩小時。大家應該更想知道自己的小孩究竟需要睡多久。

想要知道自己的孩子需要多長的睡眠時間，可以**先試著過一週每天睡十小時**的生活。

晚上八點睡覺，早上六點起床，或者是晚上七點上床，五點起床。各位可以連續一至兩週，每天讓孩子在規定的時間睡覺、起床，並根據他的狀況，勾選左頁圖表2-2的睡眠檢核表，我也建議大家在這段期間記錄小孩睡醒睡著的時間。

若小孩睡十小時還睡不夠，他早上可能會起不來，或是想靠午睡來補

圖表 2-2　睡眠檢核表

- □ 孩子早上可以自己起床，或爸媽一叫就精神抖擻的起床。
- □ 加上午睡後的總睡眠時間相對穩定（基準為正負2小時以內）。
- □（2歲以上）上午不會想睡，一直很清醒。
- □ 早上起床時間最多相差1小時左右。
- □ 晚上睡覺時間最多相差1小時左右。

眠，在午睡前都無精打采，結果還沒到中午就不小心睡著；假設孩子覺得睡十小時太多，那麼他會太早起床，或晚上不容易入睡。

當孩子在幼兒園的午睡時間穩定下來時，大家可再檢查一次這些項目。

偶爾我會聽到家長表示自己的孩子才兩歲，卻像上班族一樣，假日睡到快中午，這很明顯是為了彌補平日睡眠不足的睡眠形態。

如果你的孩子也處於這種狀態，說不定他可能上午在幼兒園時無精打采，都在發呆，反之，孩子假日起床時間和平日一樣，甚至還會叫醒父母，就代表他平日的睡眠很充足，雖然對父母來說有點困擾，不過對孩子來說卻是非常健康的生活。

9 幼兒園作息表，放假也要遵守

越來越多幼兒園會在入園須知等資料上記載作息時間（見下頁圖表2-3），最近有些還會放在官網上，每間幼兒園的時間多少有些差異，各位可以直接和園方確認。

「小孩快上幼兒園了，我想先讓孩子在固定時間起床」，這時可以從一至兩週前開始用和園方相同的時間表，讓孩子習慣從起床到出門為止的作息。開始上幼兒園後，對孩子來說，幼兒園的時間就是標準，假日生活也可以仿照幼兒園的作息。

各位可以參考第七十三頁圖表2-4，兩種回家後的生活時間表範例。不同月齡的孩子，花在每個項目的時間與內容一定不同，每位父母回家時間或家

圖表 2-3　幼兒園的作息時間表

時間	0歲兒童	1~2歲兒童	3歲以上兒童
7:00	**◎到幼兒園**	**◎到幼兒園**	**◎到幼兒園**
8:00	玩耍 （教保員陪玩）	自由玩耍 （自行選擇玩什麼）	自由玩耍 （自行選擇玩什麼）
9:00	**◎餵奶、吃點心** 玩耍、晒日光浴	**◎點心**	**◎按照計畫進行教學**
10:00	散步、睡眠 （因年齡、個人而異）	戶外玩耍、散步	
11:00	**◎供餐** **繪本**	**◎供餐**	**◎供餐**
12:00	**◎午睡** （視個別狀況而定）	**繪本** **◎午睡**	**繪本**
13:00			（視年齡與個別狀而定，有些幼兒園中班跟大班不午睡）
14:00			
15:00	**◎餵奶、吃點心**	**◎吃點心**	**◎吃點心**
16:00	玩耍 **◎依序回家**	自由玩耍 **◎依序回家**	自由玩耍 **◎依序回家**
17:00	玩耍	自由玩耍	自由玩耍
18:00 19:00	**（餵奶、傍晚吃點心）** （爸媽晚來接的話，許多幼兒園不提供傍晚點心）	**（傍晚吃點心）** （爸媽晚來接的話，許多幼兒園不提供傍晚點心）	**（傍晚吃點心）** （爸媽晚來接的話，許多幼兒園不提供傍晚點心）

圖表 2-4　回家後的時間表

範例 ①	媽媽	爸爸
17:00		
	◎接小孩	
18:00	◎回家	
	準備晚餐	
19:00	◎和小孩一起吃晚餐	
	檢查與填寫聯絡簿	◎回家＋和小孩洗澡
20:00	準備明天要帶去幼兒園的東西	
21:00	◎開始哄睡	◎晚餐
	和小孩一起就寢	
22:00		◎洗衣服
		自由時間
23:00		◎就寢

範例 ②	媽媽	爸爸
17:00		◎接小孩
	◎回家	
18:00	準備晚餐	◎回家＋收衣服
	◎全家一起吃晚餐	
19:00		
	◎帶小孩洗澡	檢查與填寫聯絡簿 準備明天要帶去幼兒園的東西
20:00		
		◎開始哄睡
21:00	◎洗衣服	
	自由時間	
22:00		自由時間
	◎就寢	◎就寢
23:00		

事分配也不一樣，父母可以參考範例，一起製作自家時間表。順帶一提，製作表格以早上必須幾點起床為基準設計，各位可以從起床時間倒推回去，確認睡覺時間。

綜前所述，孩子夜晚睡眠時間需要九至十一小時，成人則是七至九小時，乍看之下似乎很難執行，但各位可以試著製作能保障睡眠的時間表，再想想如何縮短做家事等時間。

10 不能利用白天來補眠

就算已經幫孩子建立起生活節奏，有時還是可能因為要回老家、出門玩或是生病等，而打亂步調。

暫時性的打亂作息，對嬰兒與孩子來說也是寶貴經驗，不需要太在意，重點在於要小心別讓生活節奏繼續亂下去。所以，當你覺得最近小孩的生活節奏好像有點亂時，如哄他睡的時間變晚，或是他持續熬夜等，就先從早起開始調整。

人體沐浴在陽光下十四至十六小時後，會因天色漸暗而開始分泌褪黑激素。**當孩子習慣熬夜後，就算父母想開始早點哄他睡，他的身體仍無法分泌足夠的褪黑激素**，此時強迫孩子早睡，不管大人小孩都會很辛苦。

11 吃根香蕉再去上學

前面說明有陽光的環境和規律作息的重要性，但想擁有規律生活，還有一個不可或缺的重要因素——早餐。

早餐可以提升體溫和心跳，讓交感神經活躍起來，且每天在差不多的時間吃早餐，也可以避免生理時鐘紊亂。孩子如果不吃早餐就去幼兒園，經常會表現出懶得動、臉色不好等身體尚未清醒的信號，家長務必讓孩子養成吃早餐的習慣，讓他們上午有體力好好的玩。

色胺酸（Tryptophan），是人體無法合成的必需胺基酸之一，據說有助眠效果。

說得更清楚一點，**食用含色胺酸的食物，可以在大腦內生成血清素，血**

清素能讓大腦清醒、穩定精神，到了**夜晚**，**血清素則轉變成褪黑激素**，**促進安眠**。最具代表且富含色胺酸的食物有青背魚、黃豆製品、肝臟等，孩子愛吃的香蕉也富含色胺酸。

如果真的沒有時間吃早餐，可以讓他吃一根香蕉再去幼兒園。

12 怎麼讓孩子乖乖吃飯？

「就算替孩子準備早餐，他總是無法專心吃完。」

「嚼得很慢。」

「因為孩子個子小，所以即便他食量少，我還是想讓他多吃一點。」

因為種種理由，孩子吃一頓飯總要耗費不少時間，我也經常收到這方面的諮詢。

不管早餐還是晚餐，孩子的吃飯速度總會讓家長頭痛不已，此時你可以先設定一個吃飯時間。

據說孩子專心吃飯只能維持十五分鐘。如果他一餐要花超過一小時，可以先試著讓他在三十分鐘左右吃完。先跟孩子約好：「時針走到這裡就不能再吃了。」就算時間到了孩子還沒吃完，也要制止他。

一開始，孩子可能會哭：「我還想吃啦！」但習慣後，他就能專注在吃飯上。此外，為了幫助孩子專心吃飯，家長可以注意是否做到以下幾點：

●打造專心用餐的環境

□關掉電視。
□腳邊放個凳子，讓孩子的腳有支撐點，不會在空中虛晃。
□準備孩子方便使用的餐具（湯匙或叉子等。順帶一提，父母可利用假日時間讓孩子練習拿餐具）。
□只要孩子離開座位，就結束用餐。
□設定好時間，改掉吃飯拖拖拉拉的習慣。

時間內若有幾次吃不完，孩子就會覺得吃飯很痛苦，尤其是副食品階段特別容易出現一種狀況：父母希望孩子吃的量，和孩子吃得完的量差距太大，**所以平常要留意其食量並準備他一定吃得下的分量**，讓孩子體會到吃光光的喜悅。

●餐點內容檢核表

□食材軟硬度是否符合現年齡？是否容易吞嚥？

□菜會不會太燙？

□量會不會太多（不是家長希望孩子吃的量，而是孩子真的可以吃完的分量）？

□假日再讓孩子嘗試吃他討厭的食物。

吃一頓飯，從準備到收拾，要花很多時間，平日盡量用最不麻煩的方式處理，等到假日再做需要花時間做的事。「我想早點去哄小孩睡，但家事做不完」的人，就先看看是否能縮短用餐時間。

13 邊玩邊洗澡，就是不想上床

孩子稍微大一點之後，有時會邊洗澡邊玩，不知不覺就到睡覺時間。光要讓進入叛逆期的孩子去洗澡，就要花很多時間力氣，相信很多家庭經常出現「去洗澡。」「我不要！」這樣的對話，不管父母如何絞盡腦汁，仍束手無策。

我建議家長可以做一件事：讓孩子自己選擇。

學步期是孩子的第一個叛逆期，他們開始主張自己和家長是不同個體，在這個階段與其強迫他聽話，不如給他兩個選擇，讓他按照自己的意思做決定，孩子會更願意付諸行動。

舉例來說，洗澡時，家長可以試著說：「你想在浴缸玩小船玩具？還是玩肥皂泡泡？」重點是，孩子不管選哪個，結果都是要洗澡，一開始或許很難問出這樣的問題，不過幾次之後就會越來越熟練。

我再舉一些例子給大家參考：

「換睡衣嘍！」
⬅
「你今天想穿點點睡衣？還是斑馬睡衣？」

「快去刷牙！」
⬅
「你今天要用巧虎牙刷？還是車車牙刷？」

「我們去房間睡覺吧。」
⬅
「你想讀這本繪本？還是另一本？」

「洗澡時間結束嘍。」
⬅
「洗完澡你要用麵包超人杯喝水？還是用巧虎杯？」

有些小孩過了三歲，很喜歡遵守規定，這時可以在浴室掛一個時鐘或在更衣室準備計時器，然後說：

「當長針走到六時，就要從浴缸中出來。」

「計時器響起就要起來擦身體喔。」

可以先跟孩子說好，只要他遵守約定，就可以給予獎勵。獎勵可以是在月曆上貼貼紙、吃一顆糖、睡前多讀一本繪本等，讓孩子能高興的事物。

14 按部催睡三要點，直到有成果

依照上述內容改善後，還是無法擁有規律生活節奏時，請重新確認是否以下重點：

1. 早上在固定時間叫孩子起床。
2. 晚上室內不要有光線。
3. 耐心的持續下去。

雖然前面提到許多重點，但其實只要讓孩子照著日升日落調整作息，之後只要持之以恆，孩子自然會用他的基準建立生理時鐘。

不過，就算已經知道如何改善，要想真正實踐還是很難，當你遲遲無法解決這些困擾時，可以一併參考第四章「『這時候怎麼辦？』給工作育兒兩頭燒的你」，或許能從中得到一些啟發。

第3章

入學後的前兩週，孩子最焦慮

1 對家人來說，哪件事情最重要

當媽媽即將回歸職場、孩子準備上幼兒園時，家中大小都會很緊張，所以接下來我會從雙薪家庭應該擁有的觀念、家長開始工作和孩子上幼兒園前如何調整生活節奏，以及全家人怎麼度過體驗入學幼兒園期間等三個角度，解決爸媽和孩子可能會碰到的不安和煩惱。

當媽媽回歸職場後，各位家長先思考一下這些問題：「你們家最重視什麼？」例如，「為了讓全家人都能露出笑容並健康生活，晚上要早點睡」、「老公下班時間晚，要盡可能全家人一起吃早餐」等。討論每個成員的理想家庭樣貌和目標，這些答案可以**釐清爸爸媽媽重視什麼，也能共享價值觀**。

當媽媽回歸職場的同時，孩子也要上幼兒園了，此時是親子關係、夫妻關係風雨飄搖的階段，所以一開始就先找出全家人最重視的事，並將它當作每個成員的任務，描繪越具體，越有助於順利度過該階段。

世界潮流和價值觀都會因應時代變化，家人之間有不同的想法和做事方式也很正常，有緣成為一家人，當然要用心建立可以開誠布公，商量彼此的事業計畫、育兒、家事等的溫暖夥伴關係。

只讓父母其中一人承擔起大部分育兒責任，是最辛苦的事。成為家人後，許多人往往因為和另一伴的距離變近了，反而忘了體貼對方。為了避免發生這種情況，請記得，在成為爸爸和媽媽之前，大家都是獨立個體，彼此需要尊重並認同對方的生活方式。

我會在第五章具體說明育兒訣竅，各位家長可以一起來看。

2 試讀，家長和孩子更快適應新生活

對孩子來說，上幼兒園是他第一次離開家庭，在未知環境中和別人一起相處，不只孩子會有很大壓力，媽媽也會因為要把孩子託付給他人而感到緊張，有時還會產生內疚等情緒。

不過大家也不用太擔心，日本的幼兒園在孩童正式入園之前，都有一段做準備的「體驗入學」期間（按：臺灣幼兒園則有提供試讀服務），父母親可以請教教保員育兒方面的事情，他們是家長強有力的助手。

好好利用這項資源和這段期間，讓家長和孩童都習慣幼兒園生活。

3 拉長待在幼兒園的時間

一般來說，幼兒園的體驗入學期間約為一至兩週。前三天只上兩小時左右，第四天開始到第七天則是上午到午餐為止，第二週則是從上午到午睡，分階段拉長待在幼兒園的時間，過了體驗入學階段後，大概從第三週起會正式進入正常的幼兒園生活。

然而有些幼兒園不提供體驗入學服務，體驗時程安排也會因幼兒園方針而有所不同，家長在決定好幼兒園後可以事先確認。

4 寫下早晨作息表，照表生活

上了幼兒園後，孩子就得有規律的生活。

如果無法早起，就沒有時間好好吃早餐，甚至來不及上廁所，整個早上都沒精神。所以等媽媽要回歸職場、孩子要上幼兒園時，建議家長寫下每天的早晨時間表，以及每段時間家人應該做的事，並照表生活。

政府許可的合格幼兒園通常會在今年十一月至十二月之間，招募明年四月的新生。最快二月就會知道可否入園（按：臺灣幼兒園招生期間依縣市不同，約落在三月至五月間）。

接著就會開始有入園說明會、健康檢查、入園準備等，家長會變得很忙，所以先調整好健康的生活節奏，就能避免到時候手忙腳亂。

5 時間表上要有負責人

接下來思考怎麼寫早晨時間表。

首先，記錄應該做的事，如家事、換衣服、整理上學要帶的東西、準備早餐、吃早餐、刷牙、上廁所等。只要知道做這些事要花多少時間後，便可從上班時間開始回推在什麼時候起床。

早上要做的事情很多，而且時間有限，經常會手忙腳亂，但做好時間表後，夫妻就可以決定誰要負責哪些事項（見下頁圖表3-1）。

在進入體驗入學期間前，先習慣表定生活，讓全家人每天早上都有美好的開始，請爸媽一起努力合作吧。

圖表 3-1　早晨時間表寫下要做的事及負責人

6:00	起床（爸爸、媽媽） 準備早餐（例：媽媽）
6:30	起床（小孩）
6:45	早餐
7:15	小孩刷牙上廁所（例：爸爸） 洗碗（　　　　）
7:30	換衣服，準備上幼兒園（　　　　）
8:10	和小孩一起出門（送去幼兒園：　　　　）
8:30	到達幼兒園
8:50	到公司
9:00	開始上班

※（　　）內為負責的人

6 從起床時間回推睡覺時間

前面提到早晨時間表，除了能幫你順利度過早上，也可以助你從起床時間倒推前一晚該在什麼時候休息，確保孩子有充足的睡眠。

孩子一天的睡眠時間，可以參考第六十七頁圖表2-1。必要睡眠時間是指「夜晚加上午睡的一日睡眠時間」，所以扣除午睡，剩下的就是晚上應該睡多久，但這也只是參考，不是非要在這時間讓孩子上床睡覺不可。

生活節奏、體質、白天的活動、在幼兒園的午睡長度等，每個孩子的情況都不同，所以要思考自家孩子應睡多久，家長可以透過聯絡簿了解孩子在幼兒園有什麼活動，午睡睡了幾分鐘，或是接小孩時直接詢問教保員。

雖說父母都希望盡量讓孩子睡滿必要時間，但其實只要孩子白天精神飽滿，身體沒什麼問題，就不用太過擔心他是否睡滿必要的時間。

確保必要睡眠時間，再從起床時間回推何時上床後，每天讓孩子在相同時間就寢，便能建立生活步調。舉例來說，如果六點半要起床，但三歲小孩晚上得睡滿十小時的話，最好晚上八點半開始哄睡。

一開始可能會很辛苦，不過等到生活節奏穩定下來後，孩子時間一到就會想睡，早上可以自然醒來，父母親會越來越擅長哄睡，晚上自然更輕鬆。

想開始建立新習慣，重點是要堅持。

7

分離焦慮症，父母大考驗

對孩子來說，上幼兒園就得和媽媽分開，光是這一點便是一大考驗，剛開始上學時，孩子可能會大吵大鬧，因為他認為幼兒園是一個未知的世界，不知道要在這裡做什麼，也不知道有什麼樣的人。這是孩子第一次體驗到環境的巨變，所以他很害怕、緊張。

孩子的激烈抗拒可能會讓媽媽心累，但只要仔細觀察，便能發現孩子每天都在慢慢成長。為了安撫他的情緒，家長要先接受孩子的不安，並利用短暫時光和他肢體接觸，努力傳達出你愛孩子的心情。

只要向孩子保證「雖然要和媽媽分開，但媽媽一定會來接你」，便可使他安心，知道和媽媽分開也沒關係。有些人可能會想：「對小孩說這些也沒用，他又聽不懂。」孩子不理解意思也沒關係，重點在於家長語氣沉穩，用詞簡單，孩子的心情自然會漸漸穩定下來。

此外，爸媽還可以試著說一些讓孩子覺得上學很快樂的話，像是：「幼兒園是什麼樣的地方呢？真令人期待！」、「不知有什麼樣的玩具可以玩」、「如果可以交到朋友，一定很棒」等。

如果是爸爸送孩子去幼兒園，有時孩子會表現得很積極，不知是不是因為想在爸爸面前展現自己很努力的樣子，而在媽媽面前就想撒嬌。

若日後孩子能順利上學，父母也會很放心，所以家長可以用力誇獎孩子，完全不用擔心「會誇過頭」。久而久之，就自然能培養出孩子自己上學的自信心。

8

媽媽真的不必是超人

「我真的能兼顧工作和育兒嗎？」

「孩子在幼兒園快樂嗎？」

「我能找回工作狀態嗎？」

媽媽在回歸職場前，總會擔心這個問題。

必須把大哭大鬧的孩子交給別人照顧，媽媽可能會坐立難安，甚至可能會產生罪惡感：「不能陪在小孩身邊，對不起。」或對職場感到抱歉：「才剛回歸職場，會不會因為孩子出狀況而麻煩同事？」職業婦女會因為孩子和工作，內心搖擺不定。

媽媽回歸職場後，夫妻更需要可以一起喝茶聊聊的時間，光是把內心糾葛說給老公聽，就可以讓媽媽心情舒爽，覺得有人站在自己這邊而感到安心，如果另一半不擅長傾聽，可以找其他擅於聆聽的人，至於育兒相關的煩惱，則能詢問教保員。

不要一個人煩惱，尋求周遭協助，讓自己遠離罪惡感，各位家長已經很努力了！

9 善用支援服務，不必一人扛

媽媽要復職，除了需要老公的配合、幼兒園之間的協調外，還需要職場的幫忙。

在生完孩子、育兒穩定後，不妨先寄一封信向主管與人事負責人報告自己的近況。**事先傳達自己有意回歸職場，以及現在處於什麼狀況（孩子的情況、托育狀況等），可以讓回歸之路走得更為順遂。**

特別是一開始的體驗入學期間，更要事先與職場多方協商，因為要比較早去幼兒園接小孩，可能需要請半天假，或利用縮短工時等方式應對。當孩子開始全天上學，媽媽正式回歸職場後，偶爾也會面臨孩子生病等突發狀況，這時媽媽就必須放下手邊工作去接小孩，或為了照顧小孩而請假，一個月中或許有半個月無法好好上班，所以媽媽平常就要做好準備，讓周遭同事了解自己的工作狀況，留下書面資料讓別人可以了解自己的工作進度，以免業務停滯。

開始工作後一定會面臨這些煩惱，因此平時就要表現出對工作負責任的態度，取得同事的信任，當遇到突發狀況時，同事才願意支援。

不過就算如此小心謹慎，如果常常因為孩子，讓自己的工作開天窗，久而久之自己也會覺得很不好意思。加上如果要媽媽一個人承擔工作與育兒責任，真的會苦不堪言。

為了避免陷入這種窘境，就得**事先和老公談好緊急狀況時的因應方式**，例如孩子在學校生病出狀況時，有些家庭會留爸爸的聯絡方式。總之可以讓另一半處理時，就盡量把事情交給對方。

媽媽總是不自覺靠自己想辦法。我建議媽媽不要一個人扛著，最好考量彼此的工作狀況，尋找最佳方法。

買些點心回家感謝另一半去接小孩，並說聲「謝謝你」，這些都是小事卻很重要，正因為雙薪家庭彼此都很忙碌，更需要體貼對方。

除了爸爸之外，如果還可以拜託公公婆婆或親友，也能事先商量，必要時請他們幫一把，如果身邊真的沒有人可以託付，可嘗試利用一些服務，如家庭支援服務中心（Family Support Center）或病兒保育等。在回歸職場前先了解這些緊急時的支援服務，回歸職場後也比較放心。

10 早上做家事，效率比晚上好

有些媽媽整天忙著工作和育兒，完全沒有自己的時間，我聽說有些媽媽家事做不完，或是得把工作帶回家處理，真的很辛苦。

「事情還沒做完，我不能睡……」心情難免沉重，既然如此，乾脆趁哄孩子睡的時候，自己也一起睡吧。與其勉強到深夜、努力抵抗睡魔，強迫疲累不堪的身體繼續勞動，不如好好睡一覺，才是比較好的解決方法。

第二天早上應該會覺得神清氣爽，精力充沛。

早上悄悄早起，趁家人還在睡，度過媽媽一人的「清晨工作時光」。當然，如果很累，先以睡飽為優先，在不勉強自己的狀況下，享受清晨工作。

清晨工作的優點，就是好好睡一覺之後，大腦會非常清醒，因為在睡眠期間，大腦會整理訊息及儲存，因此提升專注力，作業效率也更好，這段時光較容易想出好點子，所以比起檢查郵件，更適合做一些需要創造力的工作，或者利用這段時間做自己感興趣的事、用來提升技能。

我（鶴田）以前一邊工作一邊顧小孩時，也會**利用兩小時的清晨工作時間**，寫些文章投稿散文獎，或縫製兒子的書包、準備資格考試，回首過往，我想正是因為有了這段清晨時光，我才能**積極面對育兒與工作**。

大家不妨也趁著哄孩子睡的時間一起睡，不要累積睡眠負債，好好生活。務必利用清晨工作時間，享受獨處時光。

11 生活節奏被打亂，三天才能恢復

假日雖然不用上班、上學，但得小心不要破壞平日的生活節奏。

雖然難得放假，父母想帶著全家大小一起出門，享受悠閒生活。「只有一天，稍微放縱一下吧！」我了解這種心情，可是對孩子來說，光是假日節奏和平常大為不同，就足以成為他們的負擔。如果只是偶爾一次，當然可以好好放鬆，可是如果每週假日都出遠門，而且幾乎都會熬夜或比平時晚睡的話，就要小心了。

好不容易建立起穩定的作息，結果一到週末就變調，接下來只會越來越難以調回原本的生活節奏，特別是週一，孩子如果因為休假太累、睡眠不足，早上就會很難起床，還會因為身體狀況不佳，去幼兒園也不開心，白天昏昏欲睡，午睡也叫不醒。

一旦生活節奏被破壞了，可能要到三天左右才能再次恢復。為了避免陷入這種窘境，父母若打算出遠門，最好也要以孩子的生活步調為主來擬定計畫。只要留意三餐、洗澡、就寢、起床時間不要和平日差太多，就可以享受快樂的假日生活。

第4章

「這時候怎麼辦？」給工作育兒兩頭燒的你

1

「掰掰儀式」，孩子開心上學

很多媽媽都希望自己能兼顧工作與育兒，也想孩子有規律的睡眠習慣，可現實是生活總被時間追著跑，就算有心想改變也很難辦到。

本章將詳盡回答孩子不肯睡的問題、傳授建立生活節奏的訣竅，並告訴你如何面對工作、育兒所面臨的巨大壓力。

最常見的問題之一，是早上孩子怎麼叫也叫不醒，就算醒了，也會哭鬧半天、拖拖拉拉，遲遲無法出門上學。基於時間壓力，媽媽肯定非常著急的要孩子聽話，但這不是根本解決之道。

站在孩子的立場想想看，或許就可以理解孩子為什麼有這些反應。

如果你原本打算六點半起床，結果四點半就被叫醒了，你會怎麼想？

「我明明還可以睡兩小時，別吵！」你可能會很生氣，拿被子蓋住自己繼續睡。孩子也一樣，睡到一半被叫醒，當然會拚命反抗。發生這種狀況，只要解決孩子睡不飽的問題就好，你可以試著提早就寢時間。

其實我（鶴田）也有相同經驗。當我的孩子開始上幼兒園時，早上他總是起不來，我為此傷透腦筋，所以尋問了睡眠專家的建議，他說：「他睡不夠，讓你的孩子晚上有充足的睡眠時間。」

「光是這樣就能改善現況嗎？」我心存懷疑，但還是試著提早一小時讓兒子上床睡覺，結果他隔天早上竟然自己起床，而且心情很好。我對此感到非常驚訝。孩子不只早上起得來，我也越來越少被兒子的心情耍得團團轉，親子關係也更順利。

孩子只要有足夠的睡眠，爸媽不用去叫，他自然會起床，而且早上心情很好。

不過從另一個角度來看，小孩拖拖拉拉不肯去幼兒園，與其說是睡眠不足，我想更大的原因是不想和媽媽分開，這會讓他感到不安與寂寞。

好不容易準備要出門了，才走到鞋櫃旁，孩子就開始鬧脾氣：「我才不要去幼兒園！」眼看上班快要遲到，家長忍不住在心裡吶喊：「已經沒有時間了！」

若是這種情況，我**建議大家建立「掰掰儀式」**，就是用力抱緊孩子，告訴他：「媽媽最愛你了！今天幾點會來接你。媽媽努力工作，你在幼兒園也要乖乖的喔！」抱著他數到十，然後說再見，這麼一來，孩子也比較容易恢復心情。

2 回家時間晚，怎麼能早睡？

有時夫妻兩人因為工作關係，難免會晚回家。如果讓小孩配合大人的時間，便永遠無法建立起規律的生活節奏。

如果孩子習慣晚睡晚起，等到他開始上小學，就很難早睡早起。早上起不來，就無法準時去幼兒園、學校。有報告指出，小孩若在起床這件事，一直很挫折，最後有可能不去上學。為了避免惡性循環，家長可以試著縮短準備晚餐及飯後收拾的時間。讓孩子吃完晚餐後，就可以刷牙洗澡，進入臥室準備睡覺。

以下有幾個方法能幫助父母更快完成家事：

準備晚餐：

- 假日先做些小菜放起來。
- 買超市煮好的熟食。
- 活用調理包、冷凍食品、食材自煮包（meal kit）。
- 利用送餐到府服務。
- 減少烹調時間的巧思（利用微波爐或者是壓力鍋，不用菜刀改用廚房剪刀等）。

飯後收拾：

- 使用洗碗機。
- 所有的菜都放在一個盤子上。
- 用紙盤。

如果能提前準備及壓縮收拾時間，那麼回家兩至三小時後全家人就能進臥室休息，對孩子夜間睡眠時間的影響，自然降至最低。

很多家長為了製造更多時間，做事總是盡可能提升自己的速度，最後只會讓自己筋疲力盡。重點在於不是加快腳步，而是想怎麼做才能節省時間。

3 在學校睡太飽，晚上不肯睡？

雖然知道晚上要讓孩子早點上床，隔天才能早起，可是小孩在幼兒園中午睡得很飽，晚上就是不肯睡，怎麼辦？

若家裡有兩歲以上的小孩，家長一定會問：「家裡環境已經調整能讓孩子早點休息，但我還是要花一到兩個小時才能讓他入睡。」碰到這種問題，家長可以以一天為單位思考生活節奏，並找出對策。

如果你覺得孩子晚上遲遲不肯睡，是因為白天在幼兒園睡太久，這時可以找教保員討論。

如果白天很想睡，到了午休就睡飽，會降低孩子對睡眠的需求，所以即使傍晚，孩子依舊神清氣爽，回到家也會很有精神，結果晚上不容易入眠。

中午睡太多，會影響夜晚的睡眠，如果習慣這種生活，孩子的作息可能變得有點日夜顛倒。

在這之前，家長就要告知教保員，孩子晚上在家裡難以入眠，如果孩子白天在幼兒園午睡過久，需要請教保員中途叫醒孩子。

如果教保員無法個別處理，家長可以在接孩子時，直接詢問教保員孩子的情況，除了活動量、食欲、心情、午睡時間，也可以了解孩子今天做了什麼，當作哄睡時的參考，「今日事前演練活動，身體活動量大，孩子好像累了。要注意別讓他傍晚就睡著，然後早點讓他上床睡覺」、「孩子好像和朋友吵架了，心情可能很沮喪或情緒高漲。回家後我要正視孩子的心情，哄睡時盡量讓他放鬆。」

家長沒必要讓孩子每天活在相同的行程表中，而是可以根據生活計畫，將孩子活動和睡眠當成一日行程，協助孩子健康、愉悅的生活。

4 幼兒園老師怎麼安撫孩子睡覺？

另一個常見的困擾，就是孩子在幼兒園明明會午睡，回家卻不睡。為什麼會發生這種事？

在幼兒園，只要時間一到，孩子會換好衣服，教保員則會把房間照明弄暗，打造安靜又沉穩的環境，做好準備後，「現在我們一起睡覺吧！」孩子看到其他朋友開始睡了，也會覺得自己該睡了。

就算一開始睡不著，躺在被窩裡翻來翻去一段時間後，漸漸會被其他人感染，跟著入睡，但在家裡就不一樣，周圍有很多有趣的東西，孩子因此難以專注在午睡上。

雖然我前面說沒必要每天按表操課，不過在三歲前，還是建議孩子假日在家也能午睡，為此要準備一個能靜下來的環境：

- 房間的光線不要太強烈。
- 關掉電視和手機提醒。
- 鋪好午睡用棉被。
- 家人也可以盡量安靜，一起放鬆。

就算午睡時間孩子不睡，但只要在餐後有段滾來滾去的休息時間，也可以幫助孩子消除疲勞。此外，若外出時孩子在車上睡著，也算是午睡。

做這麼多了，孩子還是不午睡的話，晚上就讓他早點睡，只要夜間有充足的睡眠，就不用太過擔心。

據說小孩從四歲左右開始，漸漸會開始不午睡，但這點也因人而異，家長還是以夜晚為主，調整睡眠節奏，確保必要的睡眠時間。

5 傍晚就開始打盹

從幼兒園回到家，當媽媽正忙著準備晚餐時，孩子卻靜悄悄的……走近一看，才發現孩子睡著了。

這時，媽媽們可能會想：「孩子在幼兒園玩一整天，大概累了。晚餐準備好之前，讓他繼續睡吧。」可是考慮到已經晚上了，就不能放任孩子睡過去，因為當孩子睡醒，吃完晚餐後，他馬上就生龍活虎。之後到了就寢時間，媽媽想哄睡就很難了。

為什麼孩子不睡？因為傍晚小憩會減少孩子一天下來所累積的睡眠物質，此時就算大腦再怎麼努力想早點睡，身體依舊精神飽滿。

如果希望孩子晚上睡飽，白天必須讓他有足夠的清醒時刻，例如，假設傍晚五點讓孩子小睡到六點醒來，到了晚上八點半要叫孩子去睡，孩子只累積了兩個半小時的睡眠物質，想睡也睡不著。

所以家長得在孩子還沒被睡意侵襲前準備好晚餐，可以利用縮短時間料理，或假日事先準備好小菜，或讓孩子用手機看影片等，總之想些不讓孩子傍晚睡著的方法，晚上再讓孩子早點睡。

至於睡前的手機使用方式，可以參閱「該不該讓孩子用手機？」（見第一二七頁）的說明。

6 半夜被孩子吵醒好幾次

在嬰兒出生五個月後，媽媽大多會經歷嬰兒夜啼的痛苦，這對孩子及父母來說，身心都很煎熬。

我希望家長一定要知道，嬰兒就算睡著也很容易醒來。**嬰兒的一個睡眠週期約五十到六十分鐘，比大人的短（約九十至一百分鐘）**。

快速動眼期時會做夢，此時嬰兒身體會動，有時是夜啼，乍看之下以為孩子是醒了，但其實有時候他只是在睡眠狀態下哭鬧，也就是所謂的「邊說夢話邊哭」而已，同理，大人有時也會睡到一半醒來，然後再睡回去，不記得自己曾醒來過。

可是嬰兒和大人不同，他們還是睡眠初學者，他們不知道該怎麼睡才好，心裡很不安。父母每次聽到嬰兒夜啼，就會將孩子抱起來安撫，甚至餵奶，結果原本半睡半醒的嬰兒這下會徹底清醒過來，這麼一來，嬰兒的需求就會變成「夜啼，等大人來餵好奶再睡」，等於剝奪嬰兒學習睡覺的機會。

我甚至聽過有些嬰兒需要爸爸半夜開車去兜風才肯睡，這對父母和嬰兒來說都不是好事。爸爸在半夜開車不僅讓人擔心，一旦嬰兒開始習慣這種開車哄睡法，他為了達成目的，會更賣力哭鬧：「每次都會帶我去兜風，為什麼現在不肯帶我去！」

哄睡最好選擇對爸媽來說比較沒負擔的方法比較好。只是，若父母為了哄睡，想了很多辦法嘗試，嬰兒也會習慣「要父母花工夫才肯睡」，各位家長一定要小心。

當嬰兒夜啼，家長自然沒辦法好好休息，這時，不妨從以下幾點著手：

- 挑選可以讓孩子安心睡覺的地方，如嬰兒床、一般床。
- 保持室內黑暗與安靜（也要關掉小夜燈）。

- 夜啼時先觀察一下。
- 如果要餵奶，要在有暖色燈光或略顯昏暗的地方餵。
- 選擇不太辛苦的哄睡方法，如輕拍、陪睡、握手等。

嬰兒不見得一開始就知道該怎麼睡覺，而且照顧嬰兒沒有「只要這樣做，他一定會睡著！」的祕訣，爸媽可以選擇一種做法持續下去，並觀察孩子的樣子。

在嬰兒穩定下來前，爸媽也很容易睡眠不足，所以白天可以找機會午睡，讓身體休息，就算只有短短十五到二十分鐘左右，也一定能讓你神清氣爽、輕鬆百倍。

7 我還沒睡飽，小孩就叫我起床

孩子太早起，可能是因為光線照進臥室，所以就醒來了。秋冬的日出時間較晚，孩子會睡得比較久，再加上清晨氣溫較低，捨不得離開溫暖的被窩，躲在裡面不肯出來，導致起床拖拖拉拉的，但到了春夏，日出時間早，清晨陽光就會灑進屋內，孩子也會因此清醒。

不管任何季節，為了讓孩子在差不多的時間起床，最好優先考慮臥室的方位。盡量**避免挑南側或東側的房間作為臥室**，光是這樣，就**有助於穩定孩子早上起床的時間**。如果無法改變臥室位置，就用遮光窗簾來控制光線，遮光窗簾不只可以阻隔陽光，也可以讓室內保持黑暗，預防室溫上升，冬天還可以避免房間內的暖氣外流，讓孩子四季都睡得舒適。

8 該不該讓孩子用手機？

對於現代人來說，智慧型手機（以下簡稱手機）很方便，更是生活中不可或缺的物品。

讓孩子用手機看影片等，他們就不會吵鬧，爸媽因此得以喘息，可是前面也說過，藍光不只會影響睡眠，父母也會擔心孩子那麼小就開始接觸手機，會不會有問題。

對於這類煩惱，前陣子有位媽媽說的話，讓我印象深刻。她告訴我，她的孩子從幼兒園回家後，總是在她準備晚餐期間，不小心在沙發上睡著。等到吃完晚餐、洗完澡，該去睡覺時，孩子卻因為傍晚睡過而不肯睡，所以她在準備晚餐時，就讓孩子看 YouTube，如此一來孩子傍晚就不會打盹，晚上也會很好哄。

不只如此，她也跟孩子約定「只有這段時間可以看」，所以孩子很期待這段時間，會努力做好自己該做的事，算是一種好的收穫。

媽媽準備晚餐就像在打仗，實在難以再分心注意孩子。家長或許有諸多考量是否讓孩子用手機，但從睡眠的角度來看，小孩到家後正想睡一下時，或許正適合讓他用手機看影片。

最重要的是先講好遊戲規則。

例如，「只能在吃晚餐前看三十分鐘！」還有，孩子使用手機時，要留意亮度，因為手機螢幕很亮，如果房間光線太暗，眼睛會變得疲累。請記得告訴孩子，使用手機時要在光線充足的地方，且離螢幕遠一點。

在吃完晚餐後，父母要逐漸調暗房內燈光，也不要讓孩子用手機，由於電子產品散發出的藍光，會抑制人體分泌褪黑激素，睡前玩手機會難以入眠，所以晚餐後盡量不要碰。

只要傍晚沒有稍微小睡，孩子自然會有睡意，晚上可以有深層又長時間的睡眠，第二天醒來時便神清氣爽，進入良好的生活節奏。

父母先理解手機的優缺點，再考慮如何讓孩子使用它。

9 世上沒有「媽媽就應該這樣」的方法

我在前面提供許多建議，不過媽媽如果對自己要求很高，越容易跟自己過不去，「哄睡是媽媽的責任」、「家事和育兒我都要做到一百分」。

不論是職業婦女還是家庭主婦，有些人會有「當媽媽應該要……」的迷思。如果是媽媽自己想做，就另當別論，可是如果帶著「應該要」的想法，媽媽很容易產生壓力和負擔，甚至可能壓垮自己，我認為應該先暫時脫離這種思維。

之前在嬰幼兒睡眠研究所，育兒支援者的線上沙龍「睡眠教室」中，我有機會和以支援育兒為工作的職業婦女交流。

我請大家分享做家事、育兒的巧思，結果即使是同一件家事，每個人卻有不同的做法和想法，讓我很驚訝。

以下介紹部分內容，提供給大家參考。

- 週末其中一天一定不做家事。
- 每週三固定吃咖哩。
- 就算沒有每天用吸塵器，只要當天決定要掃的地方能掃乾淨就好。
- 把東西集中到一個房間，週末就整理那個房間。
- 媽媽負責煮飯，爸爸負責洗碗。
- 大人吃的晚餐偶爾去超商買或叫外送。
- 爸爸很會哄睡，偶爾請爸爸幫忙。

我們由此可以知道「原來能用更有創意的方式做家事和育兒」，也能發現凡事不用追求完美，輕鬆的做也不錯。

當想法上有了餘裕，心情便開始放鬆。冷靜思考雖然很重要，但每個人的個性不同，世界上有不可勝數的價值觀種類，既然如此，為什麼在面對家人時，一定要追求正確？說不定「媽媽就應該這樣」的想法，本身就是一種鑽牛角尖。

10 照顧家人之餘，先照顧自己

雖然我們可以發揮各種巧思，可是說到底，兼顧工作與育兒本來就不是一件容易的事，難免會被逼到極限、疲累不堪。

我希望大家可以先寫一份「因應清單」：只要做了清單上的事，就可以消除疲勞、放鬆心情。

所謂因應（Coping），是指面對壓力的方法。各位可以先寫出一份具體清單，在壓力爆炸前、覺得很累時，就做這些事，以幫助自己振作起來。可以是能讓自己轉換心情的有趣事物、能影響自己的人、喜歡的食物或放鬆的方法等，想到什麼就寫什麼。

爸媽太注重照顧家人，往往會忘記照顧自己，導致心情越來越焦躁，最後被逼到極限。所以當你感到痛苦、窒息時，就反覆看這份因應清單，並立刻做想做的事。

自己的情緒自己救，留一點時間給自己，試著和壓力相處。

11 父母，也要有自己獨處的時間

寫下適合且可以讓你樂在其中的事物。以下是參考範例：

- □買花給自己。
- □在家準備自己喜歡的冰淇淋，想吃就吃。
- □空檔時看自己喜歡的連續劇。
- □享受閱讀，只有十分鐘也好。
- □大口吞下美味的巧克力。
- □去美容院。
- □開車去海邊兜風。

□逛書店。
□看可愛動物影片。
□去聽喜歡的歌手的演唱會。
□做瑜伽。
□享受芳療。

從可以立即執行到特意空出時間給自己獎勵，任何事情都可以，大家盡量發揮。

當身心發出求救訊號或是想轉換心情時，就從因應清單中選一件事情來做，藉此恢復好心情、獲得能量。父母活得像自己，孩子也會有樣學樣，家庭氣氛開朗，孩子的笑容自然越來越多。

就算做了父母，也要有照顧自己的時間、為自己充電，再享受育兒與工作，不要過度勉強自己。當媽媽回歸職場，也會面臨許多之前無法想像的困擾，特別是想要建立好的生活節奏，就會擔心「孩子為什麼不肯睡」，但不肯睡的原因其實有很多。建議以天為單位來掌握其活動與睡眠，在全家人做得到的範圍內，採取能有效改善睡眠的對策。

當你真的覺得很痛苦時，就不要硬撐而是好好的抒壓、慰勞自己。

第5章

豬隊友改造計畫

1 你理想中的家是什麼模樣？

女性負責養小孩育兒和做家事，男性負責賺錢養家，這種依照性別分工的想法，不符合現代需求。

一九九〇年代，雙薪家庭的數量已超過男主外女主內的家庭，現今更是占了近八成。孩子出生後，女性回歸職場是常態，在這種狀況下，還要求女性一肩扛起育兒和家事的責任，實在很不現實。或許媽媽在產假期間能做好家事和養小孩，可是當媽媽重回職場，便很難靠一己之力撐下去。

在多樣化的家庭形態中，各位理想中的「家」是什麼模樣？

我先介紹雙薪家庭中夫妻和諧作業的幾個模式，每位爸爸媽媽可能意見不同，可以之後再確認彼此的希望與需求。

●**仔細分配業務派：**針對家事和育兒，一一分配並管理。

優點：清楚自己應該做什麼。

重點留意：不是自己負責的事就不會去做，所以當另一半身體不舒服時，必須互相體諒。

●**一人主導派：**爸媽其中一人主導育兒與家事，如果忙不過來或兩人一起做比較好的事，會具體說明哪部分需要幫助。

優點：對做事講究的人來說，可照自身想法行動較不會有壓力。

重點留意：主導方如果不能要求另一方幫忙，很可能變成一人育兒，也必須容忍另一方聽到指示才會動作。

●**共享派：**不事先決定每件事的負責人，發現有家事還沒做，或下班後還有餘力的人，則主動表示「今天我做〇〇」、「上次你做〇〇，今天換我來」等。

優點：可配合彼此忙碌的程度和身體狀況，靈活應變。

重點留意：容易能者多勞，若希望對方察覺某些事都自己做，就需要多溝通。

除此之外，一定還有很多其他模式，例如一人負責育兒，一人負責家事等。重點不是照套，而是**站在「我們家想怎麼做」的立場思考**這個問題。

先不說採用哪種模式，對一些雖然有小問題，但整體算過得去的雙薪家庭來說，他們有一個共通點：夫妻每次都會抽出時間協調家事和育兒方針，與其他重擔等事宜。

在討論的過程中，有時會大吵一架，或是心情低落冷戰好幾天，但只要突破這個階段，慢慢就會出現「我們家的樣子」。

我帶著「想支持一起努力育兒與家事的父母」的心情寫下本章，希望其內容能成為夫妻溝通的契機。

2 因為還沒有身為父親的自覺

在開始討論之前，首先站在彼此的立場想像一下。

現今多虧電視節目和網路資訊，大眾開始慢慢知道生產完後的媽媽其實很辛苦。話說回來，那爸爸呢？

媽媽從懷孕、生產到育兒，身體經歷重大變化，但爸爸不一樣，他沒有實際體驗過，因此難以有身為父親的自覺。雖然他沒有惡意，但嬰兒來到這個家庭，爸爸一方面很高興，但另一方面也因為生活劇烈變化而疑惑不已，甚至有些爸爸根本沒意識到自己要做些改變。

等到媽媽回歸職場，爸爸雖有心支持，卻也無法對已經被育兒壓得喘不過氣來的媽媽說自己不會做，可能也不知道該怎麼支持妻子，「媽媽很清楚孩子的喜好，所以三餐由媽媽準備比較好」、「大家都說媽媽比爸爸更適合和孩子一起睡……」，因為媽媽和孩子關係緊密，所以爸爸可能會不知道該在什麼時機插手，甚至有時幫忙做家事，還會被唸：「不是這樣！」讓喪失自信與幹勁的爸爸，更加退縮消極。

世界上肯定有爸爸會做菜又能收拾好環境，家事育兒都難不倒他，但大部分的情況應該相反，就像媽媽因為育兒而有撞牆期一樣，爸爸也有為人父的煩惱和糾葛。

媽媽在生產後及面對育兒壓力而心力交瘁時，或許很難去理解爸爸的心情，所以媽媽如果可以先站在爸爸立場思考，或許之後面對爸爸時，比較不會那麼煩躁。

3 給爸爸：別馬上給另一半建議方案

現在我希望讓爸爸了解媽媽的想法。

各位爸爸可能碰過這種情況：

「和老婆講話，不知為何說到一半她就焦躁起來……。」

「我不知道她到底想說什麼。」

有人說，**女性溝通是為了達成共識，男性則是為了指示、命令、解決問題。兩方的談話目的原本就不同**，話不投機也沒辦法。可是孩子出生後就不一樣了，爸爸必須勤於和媽媽溝通，兩人合作一起育兒，不能因為媽媽很快不耐煩，而避免和她討論。

這裡我先告訴爸爸三個和媽媽溝通的訣竅。

1 討論的意思是：希望你聽我說

「我想和你談談」、「應該如何是好？」爸爸聽到媽媽這麼說，老是會想提出建議方案，可是**女性口中的「討論」，很多時候只是想抱怨一下**、希望你認同她的努力、她已經決定方向但希望你推她一把等。原則上只要聽她說，媽媽就會很滿足。

所以重點不在於你能提供多好的建議，而是聽她說，光是如此，就能弭平彼此間的鴻溝。

2 展現出「我有認真聽」的態度

當我舉辦嬰兒睡眠講座時，深深感受到男女聽話方式的差異：女性會邊聽邊出聲點頭表示贊同，男性則幾乎一動也不動。

站在講師的立場，我常會覺得「你們到底有沒有在聽？」（當然，他們有認真聽）。為了避免反應帶來誤會，男性在在傾聽女性說話時，務必多一點表情與動作。

除此之外，鸚鵡學舌的傾聽技巧也很有效。例如，媽媽說「今天在幼兒園有人跟我說〇〇」的時候，爸爸就回「有人跟你說〇〇啊」，像這樣把對方結尾的話稍做改變，再重說一次，對方就會覺得你很專心聽她說話。

3 要聽到最後

「這不是和第一點自相矛盾嗎？」或許有人會這麼想，但聽女性說話，最麻煩的地方就是，有時她們真的是在尋求解決方案和建議。

如果你聽到一半就想到解決方案，別馬上提出來，而是先忍耐，讓媽媽讓把話講完，聽到最後你才會知道媽媽只是想找個人說，還是需要意見。

雖然爸爸可能會覺得很麻煩、好辛苦，但我現在教大家的溝通訣竅，其實也可以用來培育職場後輩。不僅如此，當孩子開始會說話時，你還可以成為會傾聽孩子說話的好爸爸，務必練習看看！

4 先列出家事育兒一覽表

夫妻可以一起討論媽媽回歸職場後，生活該怎麼分工。

因為是討論，雙方意見可能不一樣，當對方說出不同看法時，不要立刻反駁，而是先接受，之後再表達「我的想法是△△」。雙方都用採取這種態度，就算意見不同，也不會產生爭執，冷靜討論也有助於想出新方法。

接下來，就用以下三個步驟來討論：

1. 確認有哪些家事、育兒工作。
2. 思考減輕負擔的方法。

3. 決定是否分攤，以及主要負責人與時間分配。

第一步：確認有哪些家事、育兒工作

首先確認還有哪些家事、育兒工作要做。不要只用煮飯、洗衣、打掃等大分類來討論，而是要深入看細節。

下兩頁是各個家庭常見的家事、育兒工作一覽表，供大家參考。

除此之外，如果再加上不定期的瑣事，如處理大型垃圾、清掃排油煙機、做常備菜、預約孩子的預防接種時間……要做的事情就更多了。這也是為什麼就算老公認為自己也有幫忙做家事，老婆還是會唸「你都沒幫忙」的原因。

洗浴缸、把打包好的垃圾拿去垃圾場，這些簡單的家事背後，其實還有許多小細節。不過，這張一覽表並不是用來指責爸爸，而是讓彼此重新了解，原來有這麼多的細瑣事務要處理。

【洗衣】

- 將髒衣服按清洗方式分類
- 啟動洗衣機
- 晾晒洗好的衣服
- 把晒好的衣服收進來
- 摺衣服
- 把衣服收到衣櫥
- 燙衣服
- 把衣服拿去乾洗
- 去乾洗店拿回衣服

【煮飯】

- 準備早餐
- 洗碗
- 將餐具碗盤放好
- 擦桌子
- 想菜色
- 準備茶水
- 準備便當
- 洗便當盒
- 採買食材
- 線上採購食材
- 準備晚餐
- 晚餐後洗碗
- 將餐具碗盤收拾好

【為小孩做的事】

- 替小孩換衣服
- 讓小孩吃早餐
- 寫聯絡簿
- 送小孩去幼兒園
- 幼兒園聯絡時的負責人
- 去幼兒園接小孩
- 確認聯絡簿
- 把髒衣服丟入洗衣機
- 帶小孩吃晚餐
- 幫小孩洗澡
- 刷牙
- 在包包上寫名字
- 準備要帶去幼兒園的物品
- 陪玩
- 哄睡

【打掃】

- 整理房間
- 集中垃圾
- 垃圾分類
- 把垃圾拿去垃圾場
- 換上新的垃圾袋
- 用吸塵器打掃房間
- 清理吸塵器中的灰塵
- 清洗浴缸
- 撿浴缸排水孔的毛髮
- 清洗浴缸以外的洗澡區
- 洗馬桶
- 清洗洗手臺
- 清潔抽風機的灰塵

還有一點也很重要，就是你要**放棄平均分攤的想法**。每個人都有擅長與不擅長的事，**不見得所有工作除以二就代表公平**，而且每個人有不同的堅持，有時候自己做反而沒有壓力，而有時候也必須調整回到家的時間。

總之，夫婦間千萬不要忘記感謝、慰勞對方的心，「他在我沒看見的地方，默默做了許多事」。

第二步：怎麼做才能減輕負擔

清單列出來後，就來思考有哪些做法可以減輕負擔。例如買掃地機器人、洗碗機、請煮飯阿姨先做好常備菜、利用宅配小菜等，只要可以讓行動輕鬆一點，都值得考慮，也可以參考第四章說明的縮短家事時間的方法（見第一一四頁）。

此外，我也建議大家決定一個平日不做的家事清單，舉例來說，為了減省燙衣服的時間，我會選擇好洗、易乾又不易皺的針織衫，老公的襯衫我也會挑不太需要燙的材質。

我也聽過有些家庭為了縮短摺衣服的時間，會把洗好的衣服全部堆在一間平常不用的房間裡，堆到一定的量後再一次摺好，如果散置在看得到的地方，就會在意，所以先放在看不到的地方，有時間再一次處理。

其他像是把洗好的衣服用衣架晾晒，乾了之後連同衣架直接收到衣櫥，以省下摺衣服的時間。洗衣服這件事仔細想想也可以有很多巧思。

我經常聽到其他回歸職場的媽媽說：「可以的話，我都想自己做！我不想偷懶！」這樣的話，我建議可以先照原本習慣生活一至兩個月，如果真的很辛苦，再試試第二步。總之就用彼此能接受的方式靈活應變。

第三步：先以大範圍的方式來分配

要分攤所有細碎家事，不但記不往，也不切實際，而且用「不是你做，就是我弄」的決定方式，有時也讓人覺得綁手綁腳。

所以在分工時，最好用「早餐相關」或「打掃浴室」等大範圍的方式去分配，特別是「誰看見，誰就去做」的模式，很容易因為固定是爸爸（或媽媽）發現，所以這件事就會變成他（她）負責。

在雙方有足夠默契可以互相配合之前，我建議先決定好主要負責人，以及每週幾次等作業頻率。

5 除了口頭說，還要留下文字紀錄

女性常說「不用我說，你也應該懂」，但在和別人溝通時，這句話可會形成一堵高牆。

經常有人提到男性不會察顏觀色，其實女性也會因太過於依賴觀察式溝通，反而無法順利傳達意思，特別在工作時，「我以為他會做……」這種想法，可能造成嚴重失誤。

媽媽在產假結束後就要回歸職場，儘管還在家中，也要練習如何具體傳達，做到有效溝通。當有需要請爸爸負責家事或育兒工作時，媽媽可以清楚寫下步驟，讓爸爸按表操課。除了口頭交代，也能在網路上的共用日曆寫下預定計畫，或用電子郵件、LINE、照片等留下紀錄，方便事後確認。

否則因為「你有說、你沒說」而吵架，對夫妻來說都是負擔，雖然大家可能會覺得麻煩，可是事先說清楚，反而最輕鬆。

爸爸要學著聽媽媽的話，媽媽也要練習如何具體告訴爸爸，雙薪家庭圓滿的祕訣，就是溝通時要體貼彼此。

6

正因為是家人，更要表達謝意

除了體貼彼此外，「感謝」也很重要，「每次都麻煩你，謝謝」、「其實我很尊敬你」，你們平常有彼此傳達這些心意嗎？

很多亞洲人應該不擅長稱讚或傳達愛意，可是如果只是在心裡想，對方就無法感受到你的心意，所以我要介紹兩種傳達感謝和愛意的方法。

在跟孩子說話時稱讚對方

「媽媽煮的飯好好吃，謝謝媽媽！」、「爸爸力氣很大又帥！」等，在你對孩子說話的同時，間接稱讚對方，表達感謝。

留下感謝便箋

在便箋上寫下「謝謝你」或是一句話，貼在從超商買的甜點上，然後放入冰箱，也可以花一點巧思傳達感激，都是不錯的方法。

「我不說，他也知道吧。」在你這麼想的同時，彼此的心可能已經越離越遠……正因為是家人，更應該要常常表達謝意。

我在第三章時有提到爸爸要看第五章，所以這些巧思可能已經被媽媽發現，不過就算對方知道「你是因為書上這麼寫才做的」，但只要能接收到他人的感謝，不論是誰都會很高興。

7 當媽媽很忙，就是爸爸表現的機會

有一些家庭的媽媽希望爸爸多參與育兒時光，或爸爸想多做一些家事和照顧孩子，卻不知道該怎麼行動才好，所以我要介紹三個重點，讓爸爸容易踏出那一步。

早上陪孩子玩

很多爸爸下班時間晚，平日只能看到孩子睡著的樣子。

考量到孩子的睡眠，我不建議讓晚歸的爸爸替孩子洗澡，或下班回家陪孩子玩，不過相對的，當早上媽媽忙著準備早餐、洗衣服、整理幼兒園所需用品時，就是爸爸出場的時機。

爸爸可以陪孩子玩、活動筋骨，讓孩子清醒過來，或盯著孩子吃早餐，必要時提供協助，和帶著孩子刷牙、換衣服等，早上如果爸爸能照看孩子，家庭生活會更和諧。

接棒哄睡

隨著孩子開始上幼兒園，很多媽媽就想趁機停止夜間餵奶，讓孩子養成一覺到天亮的睡眠習慣。

要讓孩子睡覺時不再含著媽媽的乳房，就必須練習讓孩子在不吸奶的狀態下睡著，而最適合的方法，就是讓爸爸替媽媽哄睡。

很多人可能會認為那麼小的孩子什麼都不懂，不過孩子其實知道爸爸沒有乳房。一開始小孩雖然會哭鬧，但為了讓他睡著，比起媽媽來哄，交給爸爸有時會更輕鬆。有的爸爸會說不知道怎麼哄，但其實只要陪著孩子一起睡就好。

如果爸爸先睡著也無妨，孩子看到爸爸睡著，會感到安心並跟著入睡。此時媽媽只要注意一件事：**爸爸哄睡時，在孩子哭聲未歇、還沒睡著前，不要進臥室**。如果因為孩子哭個不停，媽媽像以前一樣哄孩子睡，隔天孩子便會拚命大哭呼喚媽媽。

畢竟換個人哄，對孩子來說是打破習慣，一開始難免會因不安而嚎哭，可是總有一天孩子一定可以跟爸爸一起睡覺，媽媽要相信孩子和爸爸，放心交給他們。

媽媽很忙時，爸爸主動育兒

媽媽放產假時，所有家事、育兒工作都是媽媽做，爸爸只要下班回家、輕輕鬆鬆做自己的事就好。如果是這類家庭，即使決定好分工，也常聽到爸爸們表示不知道什麼時候該做家事和育兒工作。

各位爸爸記住，「**當媽媽很忙時，就是爸爸做家事和顧小孩的時機**」，當媽媽要哄孩子睡，完全抽不開身時，爸爸便去幫忙做家事；反之，當媽媽忙著做家事時，爸爸就負責照顧孩子。

當自己忙得不可開交，旁邊卻有人閒到不行，任誰都會不開心，所以我建議爸爸可以配合媽媽的行動，決定自己該做什麼。

8 讓爸爸挑戰獨自育兒三天

前面我已經盡量用讓大家可以想像彼此狀況的方式說明。可是或許仍有很多爸爸還是無法體會兼顧工作和育兒的辛苦。

從小學開始，長輩就教我們要設身處地為他人著想，可是要站在他人的立場去思考，其實是一件很困難的事。所以，為了了解媽媽的辛勞，我建議爸爸們可以挑戰獨自育兒三天。

在我周遭，有些人因為妻子突然住院等緣由，開始一人兼顧工作、家事和育兒，在這之後，他們對於育兒的態度截然不同，可能是因為他們成為當事人，不只了解到當媽媽的辛苦，也學到如何主動做事。

媽媽之所以壓力大，是因為永遠在與時間賽跑的關係，早上要注意上幼兒園的時間，上班也不能遲到，接著又要注意下班時間，以免來不及接孩子回家。

等到從幼兒園回到家，幾點前要讓孩子吃晚餐、幫孩子洗澡、哄睡……每天被時間追趕的壓力，沒有體驗過的人應該無法了解。要讓爸爸親身體驗媽媽從早上起床，到晚上睡前為止要做的事，彼此都要有相當的覺悟才行，不過這麼做一定能讓雙方學習到很多經驗。

我希望本篇內容能讓大家理解，爸爸的參與很重要，不只是為了孩子，也是為了夫妻兩人都能獲得充分睡眠和健康。

後記
父母不抓狂的孩子速睡技巧

生下嬰兒後，新手爸媽才會很驚訝：「原來嬰兒這麼不肯睡覺！」我們並不記得自己從何時學會睡眠力，到了晚上就要睡覺已經是我們的日常。可是我們之所以可以如此，是因為父母和周遭大人們，在我們還是嬰兒時，就想辦法讓我們安穩入睡。

睡眠對身心發展和健康都很重要，可是過去一般人卻少有機會可以針對嬰兒和孩子的「睡眠」來學習。不只如此，甚至現代社會將為了課業和工作而縮短睡眠時間視為美德，徹底輕忽睡眠的重要。

當爸爸媽媽拚命想讓孩子入睡，卻挫折連連時，我們才會想到：「人到底怎麼樣才能速睡？」、「要教嬰兒和孩子如何睡覺，竟然這麼困難……。」我認為很多育兒家庭一定為此煩惱，卻不知該找誰諮詢。

本書一直在強調嬰兒期到六歲為止的睡眠有多重要，並傳授大家分工合作，讓全家人睡得好的巧思。

我希望努力育兒與工作的爸爸媽媽能一起閱讀本書，並開始思考什麼是睡眠，又該如何使嬰兒、孩子速睡、好睡，最終獲得好眠。我衷心感謝大家閱讀本書。

國家圖書館出版品預行編目（CIP）資料

父母不抓狂的孩子速睡技巧：嬰兒、學齡前、學齡後孩子怎麼速睡？睡對了比學才藝更有競爭力，最強嬰幼兒睡眠專家經驗談。／清水悦子、鶴田名緒子著；李貞慧譯 . -- 初版 . -- 臺北市：大是文化有限公司，2024.07
176 面；14.8×21 公分 .--（EASY：127）
ISBN 978-626-7448-42-7（平裝）

1. CST：育兒　2. CST：睡眠

428.4　　113004584

EASY 127

父母不抓狂的孩子速睡技巧

嬰兒、學齡前、學齡後孩子怎麼速睡？睡對了比學才藝更有競爭力，最強嬰幼兒睡眠專家經驗談。

作　　者／清水悦子、鶴田名緒子
譯　　者／李貞慧
責任編輯／陳竑悳
校對編輯／楊皓軒
副總編輯／顏惠君
總 編 輯／吳依瑋
發 行 人／徐仲秋
會計部｜主辦會計／許鳳雪、助理／李秀娟
版權部｜經理／郝麗珍、主任／劉宗德
行銷業務部｜業務經理／留婉茹、行銷經理／徐千晴、專員／馬絮盈、助理／連玉
行銷、業務與網路書店總監／林裕安
總 經 理／陳絜吾

出 版 者／大是文化有限公司
臺北市衡陽路 7 號 8 樓
編輯部電話：（02）23757911
購書相關資訊請洽：（02）23757911 分機 122
24 小時讀者服務傳真：（02）23756999
讀者服務 E-mail：dscsms28@gmail.com
郵政劃撥帳號：19983366 戶名：大是文化有限公司

法律顧問／永然聯合法律事務所
香港發行／豐達出版發行有限公司
Rich Publishing & Distribution Ltd
香港柴灣永泰道 70 號柴灣工業城第 2 期 1805 室
Unit 1805, Ph.2, Chai Wan Ind City, 70 Wing Tai Rd, Chai Wan, Hong Kong
Tel：21726513　Fax：21724355
E-mail：cary@subseasy.com.hk

封面設計／孫永芳
內頁排版／邱介惠
印　　刷／韋懋實業有限公司
出版日期／2024年7月初版
定　　價／新臺幣 360 元
I S B N／978-626-7448-42-7
電子書 ISBN／9786267448403（PDF）
9786267448410（EPUB）